주판으로 배우는 암산 수학

3단계
곱셈

매직
섬

김일곤 지음

세광m

KB220829

매직셈을 펴내며…

주산은 교육적 가치뿐만 아니라 의학적인 방법과 과학적인 방법이 동시에 활용되는 우뇌와 좌뇌의 균형있는 계발과 정신집중력, 속청, 속독, 기억력 증진에 탁월한 효능이 인정되는 훌륭한 학문입니다.

주산의 역사는 5,000년이 넘습니다. 고대 중국 문헌 속에 주산에 대한 기록이 있는 것만 보아도 인간 생활에 셈이 얼마나 필요했던 것인가를 알 수 있습니다.

주산은 동양 3국에서 학술과 기능으로 활발하게 연구 개발되었으며, 1960~1980년대에는 한국이 중심축이 되어 세계를 호령했던 기억들이 생생합니다. 그동안 문명의 이기에 밀려 사라졌던 주산이 지금 다시 부활하고 있습니다. 한편으로는 감회가 새롭고 한편으로는 주산 교육의 장래가 걱정스럽습니다. 후배들에게 물려줄 제대로 된 지도서도 없이 이렇게 새로운 물결 속으로 빠져들고 말았으니 그 책임을 통감하지 않을 수 없습니다.

이에 본인은 주산을 통한 암산 교육에 미력하나마 보탬이 되고자 검증된 주산 교재를 내놓게 되었습니다. 지금까지 여러 주산 교재가 나왔으나 주산식 암산에 별로 효과를 거두지 못한 것은 수의 배열이 부실하였기 때문입니다.

〈매직셈〉은 과학적인 수의 배열로 누구나 쉽게 주산 암산을 배우고 지도하기 쉽도록 하였으며, 기존 교재의 부족한 점을 보완하여 단기간에 암산 실력이 길러지도록 하였습니다.

이 교재가 주산 교육을 위한 빛과 소금이 된다면 더 바랄 것이 없으며 남은 여생을 주산 교육을 걱정하고 생각하며, 이 땅에서 오로지 주산인으로 살아갈 것을 약속합니다.

지은이 김일곤

차례

주산과 필산의 차이점

 예제 1 3을 필산으로 배울 때

$$3$$
$$|+|+|=3$$

3이란 숫자를 아무 생각 없이 외우고 쓰면서 숫자 3 속에 1이 몇 개 있는지 모르기 때문에 이런 방법으로 가르칠 수밖에 없다.

예제 1 3을 주산으로 배울 때

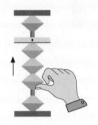

주산에 놓여진 숫자 3은 분류된 숫자이기 때문에 손가락으로 직접 알을 만지면서 1이 세 개 있다는 것이 두뇌에 전달됨과 동시에 입력된다.

 예제 2 필산으로 하는 뺄셈

$$3-2=1 \qquad 3 \qquad 2$$
$$|\,|\,| - |\,| = 1$$

개체물로 위와 같이 지도하기 때문에 계산을 싫어하고 나아가서 암산은 물론 계산에 대한 흥미를 갖지 못한다.

예제 2 주산으로 하는 뺄셈

$$3-2=1$$

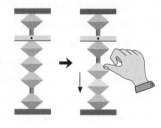

주산은 직접 눈으로 보고 손가락으로 2를 내리면서 두뇌에 전달하기 때문에 1의 숫자가 입력된다.

필산으로 쓰는 숫자는 소리나는 대로 쓰기 때문에 뜻이 담겨 있지 않아서, 지도하면서 전달하는 방법이나 이해하는 것이 쉽지 않기 때문에 결국 암산은 물론 계산도 싫어하게 된다.

주산에 놓아지는 숫자는 필산으로 다루는 숫자와 달리, 뜻이 함께 담겨 있어서(뜻 숫자라고 볼 수 있다) 지도하는 방법이나 이해하는 것이 쉽기 때문에 결국 암산은 물론 계산에 대한 자신감을 갖게 된다.

선지법 (선주법, 선진법) 과 후지법 (후주법, 후진법)

선지법 지도 방법

$$3 + 9 = 12$$

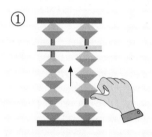

① 일의 자리에서 엄지로 아래 세 알을 올린다.

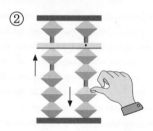

② 십의 자리에서 엄지로 아래 한 알을 올리고,
일의 자리에서 엄지로 아래 한 알을 내린다.

후지법과 다른 점은 아래알을 올릴 때나
내릴 때 모두 엄지를 사용한다는 것이다.

후지법 지도 방법

$$3 + 9 = 12$$

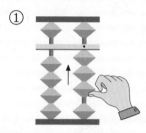

① 일의 자리에서 아래 세 알을 엄지로 올린다.

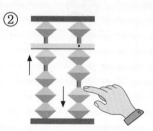

② 일의 자리에서 검지로 아래 한 알을 내리고,
십의 자리에서 엄지로 아래 한 알을 올린다.

선지법과 다른 점은 아래알을 올릴 때는
엄지를 사용하고, 아래알을 내릴 때는 검지를
사용한다는 것이다.

1 2개씩 묶어 세어 보고 ☐ 안에 알맞은 수를 쓰세요.

☐ 개씩   ☐ 묶음은   ☐ 개

2 3개씩 묶어 세어 보고 ☐ 안에 알맞은 수를 쓰세요.

☐ 개씩   ☐ 묶음은   ☐ 개

3 그림을 보고 ☐ 안에 알맞은 수를 쓰세요.

①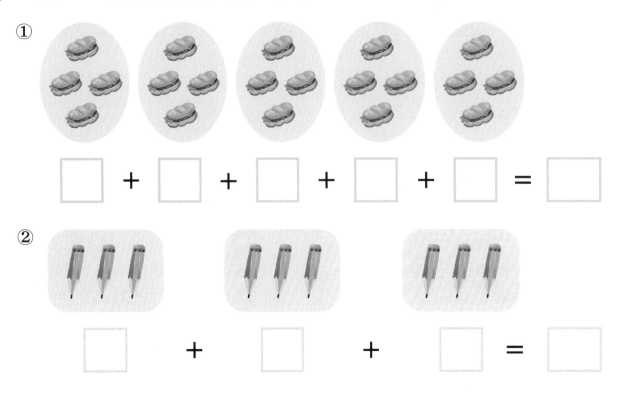

☐ + ☐ + ☐ + ☐ + ☐ = ☐

②

☐ + ☐ + ☐ = ☐

뛰어 세어 보기

1} 4씩 뛰어서 세어 보고 ☐ 안에 알맞은 수를 쓰세요.

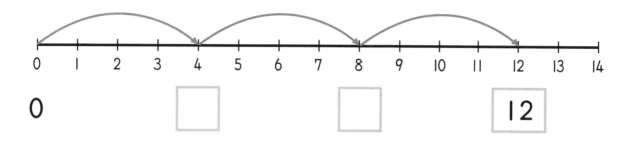

0 　　 ☐ 　　 ☐ 　　 12

2} 6씩 뛰어서 세어 보고 ☐ 안에 알맞은 수를 쓰세요.

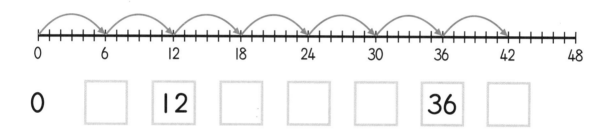

0 　 ☐ 　 12 　 ☐ 　 ☐ 　 ☐ 　 36 　 ☐

3} 수직선을 보고 ☐ 안에 알맞은 수를 쓰세요.

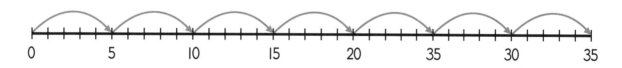

① ☐ 씩 ☐ 번 뛰었습니다.

② ☐ + ☐ + ☐ + ☐ + ☐ + ☐ + ☐

③ 모두 ☐ 입니다.

곱셈식 알기

1) 다음 그림을 보고 □ 안에 알맞은 수를 쓰세요.

① □ 개씩 □ 묶음입니다.

② 이것은 3의 □ 배이고 모두 □ 입니다.

③ 3 × 4 = □

2) 다음 그림을 보고 □ 안에 알맞은 수를 쓰세요.

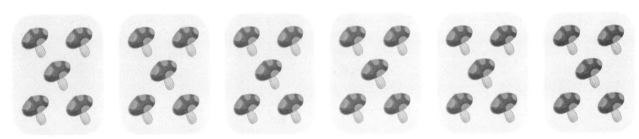

① 5개씩 □ 묶음입니다.

② □ + □ + □ + □ + □ + □

③ 5의 □ 배입니다.

④ 5 × □ = □

8

주판으로 곱셈을 하는 방법

주판으로 곱셈을 하기 위해서는 다음의 세 가지를 알아야 합니다.
① 주판의 자릿수, **②** 자릿수 계산 방법, **③** 앞자리부터 곱하는 주산식 방법

주판의 자릿수

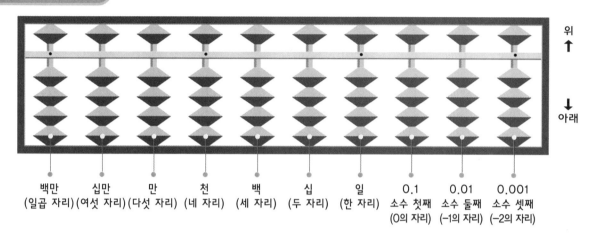

| 백만
(일곱 자리) | 십만
(여섯 자리) | 만
(다섯 자리) | 천
(네 자리) | 백
(세 자리) | 십
(두 자리) | 일
(한 자리) | 0.1
소수 첫째
(0의 자리) | 0.01
소수 둘째
(-1의 자리) | 0.001
소수 셋째
(-2의 자리) |

자릿수 계산하기

주산식 곱셈 방법의 자릿수 계산은 곱하여지는 수의 개수와 곱하는 수의 개수를 합하여 자릿수를 계산합니다. 자릿수 계산 후에는 곱해서 더하기를 합니다.

곱하여지는 수의 개수 + 곱하는 수의 개수

(예) **29 × 5 = 145**

〈자릿수 계산〉
두 자리수 × 한 자리 수 이므로 2+1=3(세 자리 수)
즉, 주판의 백의 자리에서 시작합니다.

(예) **67 × 81 = 5,427**

〈자릿수 계산〉
두 자리수 × 두 자리 수 이므로 2+2=4(네 자리 수)
즉, 주판의 천의 자리에서 시작합니다.

곱하는 순서

필산식 방법	② ① 73 × 4 = 292	③ ② ① 916 × 8 = 7,328
주산식 곱셈 방법	① ② 73 × 4 = 292	① ② ③ 916 × 8 = 7,328

주산식 곱셈 방법은 필산식 방법과는 반대로 합니다.
앞자리부터 계산해야 암산을 쉽게 할 수 있습니다.

주판으로 곱셈을 하는 방법

1. 주판의 자릿수

곱하여지는 수의 개수 + 곱하는 수의 개수

(예) 24×6 자릿수는 $2 + 1 = 3$ 즉, 백의 자리입니다.

2. 곱해서 더하기

주판에서 손을 짚은 자리는 구구의 십의 자리이고, 손을 짚은 다음 자리는(오른쪽으로) 구구의 일의 자리입니다.

※주산식 곱셈 방법은 항상 주판의 일의 자리에서 계산이 끝납니다.

두 자리 수 × 한 자리 수

예제 1

$$24 \times 6 = 144$$

1) 자릿수를 계산합니다. 2+1이므로 백의 자리에 손을 짚습니다.

2) 곱해서 더하기를 합니다.

　　곱하는 순서는 ① $6 \times 20 = 120$

　　　　　　　　　② $6 \times 4 = 24$ 입니다.

　　그러나 이것을 ① $6 \times 2 = 12$

　　　　　　　　　② $6 \times 4 = 24$로 생각하여 계산합니다.

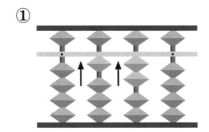

자릿수가 세 자리이므로 백의 자리에 손을 짚는다. 6×20=120이지만 6×2=12로 생각하면 손을 짚은 자리 (백의 자리)에 1(100)을, 손을 짚은 다음 자리(십의 자리) 에 2(20)를 놓는다. 그리고 손을 떼지 않는다.

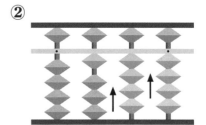

6×4=24이므로 손을 짚고 있는(십의 자리) 자리에 2(20) 를, 손을 짚은 다음 자리(일의 자리)에 4를 놓는다. 정답 은 144가 된다.

예제 2

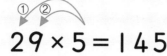

$29 \times 5 = 145$

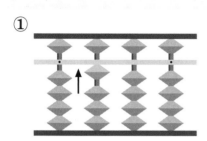

자릿수가 세 자리이므로 백의 자리에 손을 짚는다. 5×20=100이지만 5×2=10으로 생각하면 손을 짚은 자리(백의 자리)에 1(100)을, 손을 짚은 다음 자리(십의 자리)에 0을 놓는다. 그리고 손을 떼지 않는다.

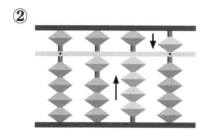

5×9=45이므로 손을 짚고 있는(십의 자리) 자리에 4(40)를, 손을 짚은 다음 자리(일의 자리)에 5를 놓는다. 정답은 145가 된다.

예제 3

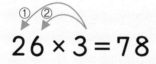

$26 \times 3 = 78$

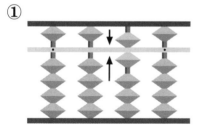

자릿수가 세 자리이므로 백의 자리에 손을 짚는다. 3×20=060이지만 3×2=06으로 생각하면 손을 짚은 자리(백의 자리)에 0을, 손을 짚은 다음 자리(십의 자리)에 6(60)을 놓는다. 그리고 손을 떼지 않는다.

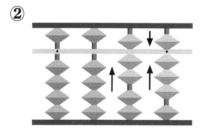

3×6=18이므로 손을 짚고 있는(십의 자리) 자리에 1(10)을, 손을 짚은 다음 자리(일의자리)에 8를 놓는다. 정답은 78이 된다.

예제 4

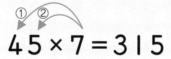

$45 \times 7 = 315$

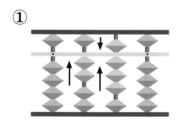

자릿수가 세 자리이므로 백의 자리에 손을 짚는다. 7×40=2800이지만 7×4=28로 생각하면 손을 짚은 자리(백의 자리)에 2(200)를, 손을 짚은 다음 자리(십의 자리)에 8(80)을 놓는다. 그리고 손을 떼지 않는다.

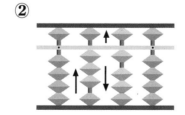

7×5=35이므로 손을 짚고 있는 자리에 3(30)을 놓는다. 그러나 제 자리에서 3을 놓을 수 없으므로 앞의 자리(백의자리)에 1(100)을 올리고 제 자리(십의 자리)에서 7을 뺀다.

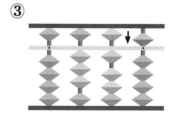

손을 짚은 다음 자리(일의 자리)에 5를 놓는다. 정답은 315가 된다.

주판으로 곱셈을 하는 방법

세 자리 수 ×한 자리 수

예제 1

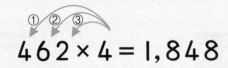

$$462 × 4 = 1,848$$

1) 자릿수를 계산합니다. 3+1이므로 천의 자리에 손을 짚습니다.

2) 곱해서 더하기를 합니다.

    곱하는 순서는 ❶ $4 × 400 = 1,600$

              ❷ $4 × 60 = 240$

              ❸ $4 × 2 = 8$ 입니다.

    그러나 이것을 ❶ $4 × 4 = 16$

               ❷ $4 × 6 = 24$

               ❸ $4 × 2 = 8$ 로 생각하여 계산합니다.

①

자릿수가 네 자리이므로 천의 자리에 손을 짚는다.
$4×400=1,600$이지만, $4×4=16$으로 생각하면 천의
자리에 1(1,000)을, 백의 자리에 6(600)을 놓는다.

②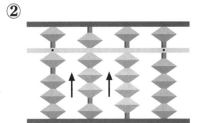

$4×60=240$이지만 $4×6=24$로 생각하면 백의 자리에
2(200)를, 십의 자리에 4(40)를 놓는다.

③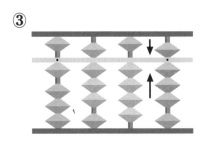

$4×2=08$이므로 십의 자리에서 0을, 일의 자리에 8을
놓는다. 정답은 1,848이 된다.

예제 2

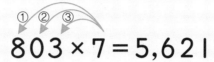

$$803 \times 7 = 5,621$$

①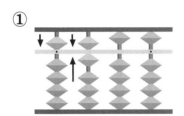

자릿수가 네 자리이므로 천의 자리에 손을 짚는다. 7×800=5,600이지만 7×8=56으로 생각하면 천의 자리에 5(5,000)를, 백의 자리에 6(600)을 놓는다.

②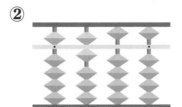

7×00=0000이지만 7X00=00으로 생각하면 백의 자리에 0, 십의 자리에 0을 놓는다.

③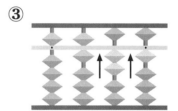

7×3=21이므로 십의 자리에 2(20)를, 일의 자리에 1을 놓는다. 정답은 5,621이 된다.

예제 3

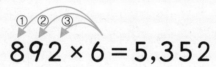

$$892 \times 6 = 5,352$$

①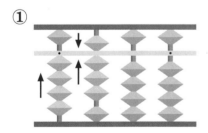

자릿수가 네 자리이므로 천의 자리에 손을 짚는다. 6×800=4,800이지만, 6×8=48로 생각하면 천의 자리에 4(4,000)를, 백의 자리에 8(800)을 놓는다.

②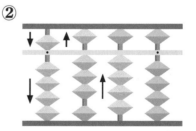

6×90=5400이지만, 6×9=54로 생각하면 백의 자리에 5(500)를, 십의 자리에 4(40)를 놓는다.

③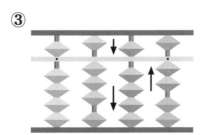

6×2=12이므로 십의 자리에 1(10)을, 일의 자리에 2를 놓는다. 정답은 5,352가 된다.

주판으로 곱셈을 하는 방법

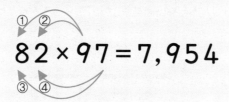

두 자리 수 × 두 자리 수

예제 1

$$82 \times 97 = 7,954$$

1) 자릿수를 계산합니다. 2+2이므로 천의 자리에 손을 짚습니다.
2) 곱해서 더하기를 합니다.
   곱하는 순서는 ① 90×80 = 7,200
   　　　　　　　② 90×2 = 180
   　　　　　　　③ 7×80 = 560
   　　　　　　　④ 7×2 = 14입니다.
   그러나 이것을 ① 9×8 = 72
   　　　　　　　② 9×2 = 18
   　　　　　　　③ 7×8 = 56
   　　　　　　　④ 7×2 = 14로 생각하여 계산합니다.

①

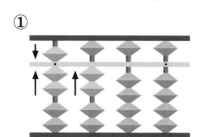

자릿수가 네 자리이므로 천의 자리에 손을 짚는다.
90×80=7,200이지만, 9×8=72로 생각하면 천의 자리
에 7(7,000)을, 백의 자리에 2(200)를 놓는다.

②

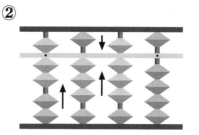

90×2=180이지만 9×2=18로 생각하면 백의
자리에 1(100)을, 십의 자리에 8(80)을 놓는다.

③

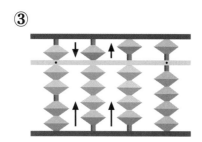

자릿수가 세 자리이므로 백의 자리에 손을 짚는다.
7×80=560이지만, 7×8=56으로 생각하면 백의 자리에
5(500)를, 십의 자리에 6(60)을 놓는다.

④

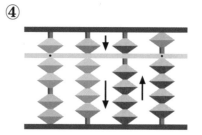

7×2=14이므로 십의 자리에 1(10)을, 일의 자리에
4를 놓는다. 정답은 7,954가 된다.

주판으로 곱셈을 하는 방법

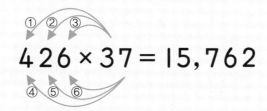

세 자리 수 × 두 자리 수

예제 1

$426 × 37 = 15,762$

1) 자릿수를 계산합니다. 3+2이므로
   만의 자리에 손을 짚습니다.

2) 곱해서 더하기를 합니다.
   곱하는 순서는 ① $30 × 400 = 12,000$
   ② $30 × 20 = 600$
   ③ $30 × 6 = 180$
   ④ $7 × 400 = 2,800$
   ⑤ $7 × 20 = 140$
   ⑥ $7 × 6 = 42$ 입니다.

그러나 이것을 ① $3 × 4 = 12$
② $3 × 2 = 6$
③ $3 × 6 = 18$
④ $7 × 4 = 28$
⑤ $7 × 2 = 14$
⑥ $7 × 6 = 42$ 로
생각하여 계산합니다.

①

자릿수가 다섯 자리이므로 만의 자리에 손을 짚는다. 30×400=12,000이지만 3×4=12로 생각하면 만의 자리에 1(10,000)을, 천의 자리에 2(2,000)를 놓는다.

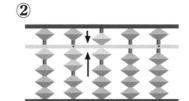

②

30×20=0600이지만 3X2=06으로 생각하면 천의 자리에 0을, 백의 자리에 6(600)을 놓는다.

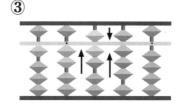

③

30×6=180이지만 3×6=18로 생각하면 백의 자리에 1(100)을 십의 자리에 8(80)을 놓는다.

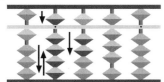

④

자릿수가 네 자리이므로 천의 자리에 손을 짚는다. 7×400=2,800이지만 7×4=28로 생각하면 천의 자리에 2(2,000)를, 백의 자리에 8(800)을 놓는다.

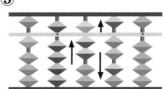

⑤

7×20=1400이지만 7×2=14으로 생각하면 백의 자리에 1(100)을, 십의 자리에 4(40)를 놓는다.

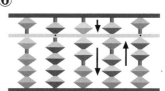

⑥

7×6=42이므로 십의 자리에 4(40)를, 일의 자리에 2를 놓는다. 정답은 15,762가 된다.

핵심콕콕

2의 단 곱셈 구구의 이해

×	1	2	3	4	5	6	7	8	9
2	2	4	6	8	10	12	14	16	18

+2 +2 +2 +2 +2 +2 +2 +2

위와 같이 2의 단 곱셈 구구에서는 답이 2씩 커집니다.
2의 단은 2를 거듭 더해 나가는 것을 말합니다.

2씩 거듭 더하기	2의 단	답
2	2 × 1	2
2+2	2 × 2	4
2+2+2	2 × 3	6
2+2+2+2	2 × 4	8
2+2+2+2+2	2 × 5	10
2+2+2+2+2+2	2 × 6	12
2+2+2+2+2+2+2	2 × 7	14
2+2+2+2+2+2+2+2	2 × 8	16
2+2+2+2+2+2+2+2+2	2 × 9	18

 2의 단 곱셈 구구를 하여 보기 와 같이 답을 쓰세요.

보기

① ②
$$64 \times 2 = 12, 8$$

① ② ③
$$826 \times 2 = 16, 4, 12$$

1	$96 \times 2 =$,	16	$390 \times 2 =$, ,
2	$47 \times 2 =$,	17	$826 \times 2 =$, ,
3	$20 \times 2 =$,	18	$619 \times 2 =$, ,
4	$81 \times 2 =$,	19	$543 \times 2 =$, ,
5	$12 \times 2 =$,	20	$762 \times 2 =$, ,
6	$30 \times 2 =$,	21	$107 \times 2 =$, ,
7	$52 \times 2 =$,	22	$935 \times 2 =$, ,
8	$38 \times 2 =$,	23	$274 \times 2 =$, ,
9	$65 \times 2 =$,	24	$481 \times 2 =$, ,
10	$76 \times 2 =$,	25	$857 \times 2 =$, ,
11	$24 \times 2 =$,	26	$408 \times 2 =$, ,
12	$63 \times 2 =$,	27	$519 \times 2 =$, ,
13	$79 \times 2 =$,	28	$683 \times 2 =$, ,
14	$84 \times 2 =$,	29	$735 \times 2 =$, ,
15	$92 \times 2 =$,	30	$920 \times 2 =$, ,

이렇게 지도하세요 2의 단을 반복하여 외우는 훈련입니다. 구구단을 외우지 못한 학생은 이와 같은 연습을 반복할 수 있도록 합니다.

17

곱셈연습

1일차 주판으로 해 보세요.

1	87 × 2 =	21	95 × 2 =
2	59 × 2 =	22	15 × 2 =
3	68 × 2 =	23	32 × 2 =
4	92 × 2 =	24	94 × 2 =
5	74 × 2 =	25	80 × 2 =
6	31 × 2 =	26	64 × 2 =
7	50 × 2 =	27	86 × 2 =
8	26 × 2 =	28	52 × 2 =
9	43 × 2 =	29	71 × 2 =
10	58 × 2 =	30	39 × 2 =
11	91 × 2 =	31	93 × 2 =
12	78 × 2 =	32	72 × 2 =
13	20 × 2 =	33	56 × 2 =
14	96 × 2 =	34	84 × 2 =
15	14 × 2 =	35	60 × 2 =
16	57 × 2 =	36	18 × 2 =
17	34 × 2 =	37	49 × 2 =
18	21 × 2 =	38	23 × 2 =
19	83 × 2 =	39	51 × 2 =
20	67 × 2 =	40	97 × 2 =

평가 | 1회 | 2회 |

확인

 덧셈연습

1일차 주판으로 해 보세요.

1	2	3	4	5
2	7	6	7	5
4	3	4	8	4
9	5	8	4	2
6	9	5	7	8
8	6	2	5	1

6	7	8	9	10
9	7	2	3	2
8	9	6	5	4
2	8	4	7	8
5	5	3	6	1
1	3	7	9	9

11	12	13	14	15
7	5	3	4	6
4	3	4	8	5
9	2	7	7	2
8	4	6	1	3
6	2	3	2	8

평가   1회   2회   확인

1일차 머릿속에 주판을 그리며 풀어 보세요.

1	2	3	4	5
9	2	7	2	9
3	6	5	9	7
8	2	6	4	8
7	5	1	3	5
4	8	1	6	6

6	7	8	9	10
2	6	3	5	8
4	7	8	3	6
3	9	2	4	7
6	3	5	7	4
9	5	3	2	9

11	12	13	14	15
8	5	3	4	4
9	4	3	8	1
2	1	7	2	8
7	4	8	1	2
6	2	9	5	7

평가 1회   2회

확인

1일차

머릿속에 주판을 그리며 풀어 보세요.

1	2
4 2 + 2	2 7 + 2

3	4
2 3 × 2	1 1 × 2

5	6
7 5 + 2	6 1 + 2

7	8
3 2 × 2	4 3 × 2

9	10
5 3 + 2	8 4 + 2

11	$20 \times 2 =$
12	$17 \times 2 =$
13	$36 \times 2 =$
14	$45 \times 2 =$
15	$10 \times 2 =$
16	$21 \times 2 =$
17	$33 \times 2 =$
18	$42 \times 2 =$
19	$13 \times 2 =$
20	$22 \times 2 =$
21	$31 \times 2 =$
22	$40 \times 2 =$
23	$12 \times 2 =$
24	$24 \times 2 =$
25	$30 \times 2 =$
26	$41 \times 2 =$
27	$14 \times 2 =$
28	$23 \times 2 =$
29	$34 \times 2 =$
30	$44 \times 2 =$

평가

1회	2회	

확인

곱셈연습

2일차

주판으로 해 보세요.

1	68 × 2 =	21	84 × 2 =
2	92 × 2 =	22	67 × 2 =
3	74 × 2 =	23	51 × 2 =
4	13 × 2 =	24	26 × 2 =
5	45 × 2 =	25	19 × 2 =
6	24 × 2 =	26	93 × 2 =
7	36 × 2 =	27	84 × 2 =
8	18 × 2 =	28	67 × 2 =
9	75 × 2 =	29	52 × 2 =
10	59 × 2 =	30	11 × 2 =
11	28 × 2 =	31	30 × 2 =
12	14 × 2 =	32	79 × 2 =
13	96 × 2 =	33	38 × 2 =
14	53 × 2 =	34	54 × 2 =
15	37 × 2 =	35	27 × 2 =
16	19 × 2 =	36	82 × 2 =
17	73 × 2 =	37	16 × 2 =
18	85 × 2 =	38	98 × 2 =
19	42 × 2 =	39	70 × 2 =
20	69 × 2 =	40	29 × 2 =

평가   1회   2회

확인

덧셈연습

2일차

주판으로 해 보세요.

	1	2	3	4	5
	4 5 3 7 6	9 7 2 5 3	4 8 5 6 2	2 9 8 1 7	9 6 8 5 2

	6	7	8	9	10
	9 8 7 5 3	2 6 4 3 5	4 4 2 8 4	8 7 9 1 6	3 5 4 7 2

	11	12	13	14	15
	2 8 9 1 4	5 7 6 3 9	2 4 8 6 3	3 2 9 5 1	6 8 1 7 3

평가

1회	2회

확인

23

암산술술

머릿속에 주판을 그리며 풀어 보세요.

1	2	3	4	5
9 3 2 5 7	6 8 4 7 5	4 5 8 7 1	9 1 8 2 6	5 6 9 7 4

6	7	8	9	10
4 1 2 8 9	3 4 7 5 2	9 8 6 2 8	7 9 5 2 3	3 2 4 6 9

11	12	13	14	15
7 4 9 8 6	1 3 5 3 3	2 7 1 9 6	7 5 9 3 8	6 7 2 9 3

평가

1회	2회	

확인

2일차

머릿속에 주판을 그리며 풀어 보세요.

1	2
$\begin{array}{r} 3\ 7 \\ +\quad 2 \\ \hline \end{array}$	$\begin{array}{r} 7\ 1 \\ +\quad 2 \\ \hline \end{array}$

3	4
$\begin{array}{r} 1\ 4 \\ \times\quad 2 \\ \hline \end{array}$	$\begin{array}{r} 2\ 3 \\ \times\quad 2 \\ \hline \end{array}$

5	6
$\begin{array}{r} 8\ 2 \\ +\quad 2 \\ \hline \end{array}$	$\begin{array}{r} 1\ 3 \\ +\quad 2 \\ \hline \end{array}$

7	8
$\begin{array}{r} 3\ 4 \\ \times\quad 2 \\ \hline \end{array}$	$\begin{array}{r} 4\ 4 \\ \times\quad 2 \\ \hline \end{array}$

9	10
$\begin{array}{r} 4\ 8 \\ +\quad 2 \\ \hline \end{array}$	$\begin{array}{r} 9\ 6 \\ +\quad 2 \\ \hline \end{array}$

11. $37 \times 2 =$

12. $71 \times 2 =$

13. $93 \times 2 =$

14. $48 \times 2 =$

15. $15 \times 2 =$

16. $26 \times 2 =$

17. $40 \times 2 =$

18. $59 \times 2 =$

19. $82 \times 2 =$

20. $60 \times 2 =$

21. $46 \times 2 =$

22. $68 \times 2 =$

23. $13 \times 2 =$

24. $79 \times 2 =$

25. $80 \times 2 =$

26. $24 \times 2 =$

27. $57 \times 2 =$

28. $35 \times 2 =$

29. $20 \times 2 =$

30. $91 \times 2 =$

평가

1회   2회

확인

3일차 주판으로 해 보세요.

1	21 × 2 =	21	83 × 2 =
2	88 × 2 =	22	97 × 2 =
3	67 × 2 =	23	13 × 2 =
4	95 × 2 =	24	91 × 2 =
5	51 × 2 =	25	25 × 2 =
6	34 × 2 =	26	76 × 2 =
7	72 × 2 =	27	43 × 2 =
8	98 × 2 =	28	84 × 2 =
9	60 × 2 =	29	68 × 2 =
10	92 × 2 =	30	52 × 2 =
11	78 × 2 =	31	19 × 2 =
12	16 × 2 =	32	31 × 2 =
13	32 × 2 =	33	79 × 2 =
14	47 × 2 =	34	38 × 2 =
15	35 × 2 =	35	54 × 2 =
16	69 × 2 =	36	26 × 2 =
17	41 × 2 =	37	87 × 2 =
18	82 × 2 =	38	14 × 2 =
19	28 × 2 =	39	96 × 2 =
20	45 × 2 =	40	53 × 2 =

 평가   1회   2회   확인

26

덧셈연습

3일차 주판으로 해 보세요.

1	2	3	4	5
5	7	2	3	8
3	6	4	9	3
4	3	5	2	6
7	8	4	5	7
2	2	9	7	1

6	7	8	9	10
9	4	9	4	6
5	2	1	3	6
8	3	4	5	7
7	6	1	2	2
6	8	7	7	4

11	12	13	14	15
5	9	4	6	2
7	3	6	7	3
3	1	2	5	9
6	2	5	8	5
9	9	8	4	1

평가

1회	2회	

확인

머릿속에 주판을 그리며 풀어 보세요.

1	2	3	4	5
9 9 6 2 7	4 8 6 5 7	2 3 4 6 8	9 5 7 4 9	8 4 7 1 5

6	7	8	9	10
3 8 6 7 1	6 2 3 5 8	7 9 3 6 5	5 1 6 7 4	6 8 9 2 7

11	12	13	14	15
2 8 4 1 9	7 3 5 8 1	5 6 4 9 3	8 2 4 5 1	9 2 7 8 6

평가 | 1회 | 2회 | | 확인

3일차 머릿속에 주판을 그리며 풀어 보세요.

1	2
2 2 + 2	9 0 + 2

3	4
1 2 × 2	2 4 × 2

5	6
6 7 + 2	9 4 + 2

7	8
3 0 × 2	4 1 × 2

9	10
9 3 + 2	3 4 + 2

11	17 × 2 =
12	56 × 2 =
13	78 × 2 =
14	53 × 2 =
15	90 × 2 =
16	31 × 2 =
17	89 × 2 =
18	45 × 2 =
19	34 × 2 =
20	67 × 2 =
21	82 × 2 =
22	94 × 2 =
23	59 × 2 =
24	15 × 2 =
25	26 × 2 =
26	60 × 2 =
27	93 × 2 =
28	71 × 2 =
29	48 × 2 =
30	37 × 2 =

평가

1회	2회

확인

곱셈연습

4일차   주판으로 해 보세요.

1	32 × 2 =	21	96 × 2 =
2	94 × 2 =	22	53 × 2 =
3	78 × 2 =	23	71 × 2 =
4	60 × 2 =	24	89 × 2 =
5	47 × 2 =	25	43 × 2 =
6	76 × 2 =	26	54 × 2 =
7	38 × 2 =	27	26 × 2 =
8	12 × 2 =	28	84 × 2 =
9	40 × 2 =	29	67 × 2 =
10	68 × 2 =	30	52 × 2 =
11	92 × 2 =	31	90 × 2 =
12	74 × 2 =	32	13 × 2 =
13	31 × 2 =	33	39 × 2 =
14	45 × 2 =	34	42 × 2 =
15	23 × 2 =	35	57 × 2 =
16	61 × 2 =	36	64 × 2 =
17	87 × 2 =	37	86 × 2 =
18	59 × 2 =	38	24 × 2 =
19	28 × 2 =	39	58 × 2 =
20	14 × 2 =	40	30 × 2 =

평가   1회   2회

확인

덧셈연습

4일차

주판으로 해 보세요.

1	2	3	4	5
5	2	7	3	8
9	6	9	8	2
7	5	8	5	9
6	3	5	3	6
3	6	3	1	7

6	7	8	9	10
6	5	4	6	8
8	3	9	1	5
7	2	2	4	2
4	4	3	8	4
9	1	5	1	6

11	12	13	14	15
3	4	2	9	4
7	1	6	8	2
5	8	4	6	8
4	4	3	4	3
6	3	7	7	6

 평가

1회	2회

 확인

암산술술

4일차 머릿속에 주판을 그리며 풀어 보세요.

1	2	3	4	5
7	6	5	7	9
4	2	8	2	5
4	2	6	1	7
9	5	4	5	8
1	6	2	9	1

7	8	9	10	
4	6	5	2	7
2	8	3	8	3
3	1	4	4	5
5	7	5	7	7
8	3	6	6	9

12	13	14	15	
6	3	4	9	4
7	7	3	3	1
4	4	6	7	9
3	6	5	2	6
8	7	2	9	7

평가   1회   2회

확인

32

암산술술

4일차 머릿속에 주판을 그리며 풀어 보세요.

1		2	
	5 0		1 9
+	2	+	2

3		4	
	1 3		2 2
×	2	×	2

5		6	
	8 3		4 1
+	2	+	2

7		8	
	3 1		4 0
×	2	×	2

9		10	
	6 4		7 2
+	2	+	2

11	$94 \times 2 =$
12	$38 \times 2 =$
13	$50 \times 2 =$
14	$25 \times 2 =$
15	$72 \times 2 =$
16	$83 \times 2 =$
17	$61 \times 2 =$
18	$27 \times 2 =$
19	$16 \times 2 =$
20	$49 \times 2 =$
21	$17 \times 2 =$
22	$39 \times 2 =$
23	$84 \times 2 =$
24	$47 \times 2 =$
25	$51 \times 2 =$
26	$95 \times 2 =$
27	$28 \times 2 =$
28	$60 \times 2 =$
29	$73 \times 2 =$
30	$62 \times 2 =$

평가

1회	2회

확인

곱셈연습

5일차   주판으로 해 보세요.

1	42 × 2 =	21	26 × 2 =
2	65 × 2 =	22	43 × 2 =
3	36 × 2 =	23	58 × 2 =
4	79 × 2 =	24	91 × 2 =
5	50 × 2 =	25	63 × 2 =
6	68 × 2 =	26	17 × 2 =
7	87 × 2 =	27	98 × 2 =
8	74 × 2 =	28	53 × 2 =
9	92 × 2 =	29	46 × 2 =
10	35 × 2 =	30	24 × 2 =
11	18 × 2 =	31	86 × 2 =
12	20 × 2 =	32	52 × 2 =
13	96 × 2 =	33	70 × 2 =
14	14 × 2 =	34	12 × 2 =
15	57 × 2 =	35	93 × 2 =
16	39 × 2 =	36	75 × 2 =
17	13 × 2 =	37	41 × 2 =
18	72 × 2 =	38	69 × 2 =
19	56 × 2 =	39	28 × 2 =
20	84 × 2 =	40	15 × 2 =

평가   1회   2회

확인

덧셈연습

5일차

주판으로 해 보세요.

1	2	3	4	5
3 6 2 8 5	8 7 4 3 4	9 2 3 5 4	4 8 7 1 8	7 3 9 5 2

6	7	8	9	10
9 6 2 8 9	4 5 7 3 6	3 9 2 5 7	8 4 6 8 7	7 9 6 3 8

11	12	13	14	15
2 3 8 4 7	5 4 1 9 2	6 8 4 6 1	4 2 3 6 9	9 5 1 6 7

평가 | 1회 | 2회 | | 확인

1	2	3	4	5
3 2 5 4 1	6 9 2 6 8	8 2 9 6 9	6 4 5 7 9	9 3 1 8 4

6	7	8	9	10
2 5 6 7 4	5 2 3 9 4	9 1 8 7 5	4 3 6 2 7	5 8 2 7 4

11	12	13	14	15
7 6 2 9 1	8 2 2 4 8	4 8 3 4 1	6 8 7 2 3	9 8 5 7 6

평가

1회	2회		확인

암산술술

5일차

머릿속에 주판을 그리며 풀어 보세요.

1		2	
	3 3 + 2		1 6 + 2

3		4	
	1 0 × 2		2 1 × 2

5		6	
	2 8 + 2		4 7 + 2

7		8	
	3 3 × 2		4 2 × 2

9		10	
	5 9 + 2		6 2 + 2

11	$94 \times 2 =$
12	$38 \times 2 =$
13	$50 \times 2 =$
14	$85 \times 2 =$
15	$72 \times 2 =$
16	$83 \times 2 =$
17	$61 \times 2 =$
18	$27 \times 2 =$
19	$16 \times 2 =$
20	$49 \times 2 =$
21	$17 \times 2 =$
22	$39 \times 2 =$
23	$84 \times 2 =$
24	$40 \times 2 =$
25	$51 \times 2 =$
26	$95 \times 2 =$
27	$28 \times 2 =$
28	$56 \times 2 =$
29	$73 \times 2 =$
30	$62 \times 2 =$

평가 | 1회 | 2회 |

확인

5의 단 곱셈 구구의 이해

×	1	2	3	4	5	6	7	8	9
5	5	10	15	20	25	30	35	40	45

+5 +5 +5 +5 +5 +5 +5 +5

위와 같이 5의 단 곱셈 구구에서는 답이 5씩 커집니다.
5의 단은 5를 거듭 더해 나가는 것을 말합니다.

5씩 거듭 더하기	5의 단	답
5	5 × 1	5
5+5	5 × 2	10
5+5+5	5 × 3	15
5+5+5+5	5 × 4	20
5+5+5+5+5	5 × 5	25
5+5+5+5+5+5	5 × 6	30
5+5+5+5+5+5+5	5 × 7	35
5+5+5+5+5+5+5+5	5 × 8	40
5+5+5+5+5+5+5+5+5	5 × 9	45

5의 단 곱셈 구구를 하여 와 같이 답을 쓰세요.

보기

①②
$36 \times 5 = 15, 30$

①②③
$5 \times 814 = 40, 5, 20$

1	$28 \times 5 =$,	16	$5 \times 406 =$, ,
2	$97 \times 5 =$,	17	$5 \times 395 =$, ,
3	$31 \times 5 =$,	18	$5 \times 238 =$, ,
4	$79 \times 5 =$,	19	$5 \times 921 =$, ,
5	$64 \times 5 =$,	20	$5 \times 867 =$, ,
6	$15 \times 5 =$,	21	$5 \times 542 =$, ,
7	$83 \times 5 =$,	22	$5 \times 718 =$, ,
8	$42 \times 5 =$,	23	$5 \times 653 =$, ,
9	$56 \times 5 =$,	24	$5 \times 179 =$, ,
10	$79 \times 5 =$,	25	$5 \times 485 =$, ,
11	$63 \times 5 =$,	26	$5 \times 231 =$, ,
12	$87 \times 5 =$,	27	$5 \times 564 =$, ,
13	$24 \times 5 =$,	28	$5 \times 790 =$, ,
14	$48 \times 5 =$,	29	$5 \times 814 =$, ,
15	$35 \times 5 =$,	30	$5 \times 936 =$, ,

이렇게 지도하세요 5의 단을 반복하여 외우는 훈련입니다.

6일차   주판으로 해 보세요.

1	73 × 5 =	21	47 × 5 =
2	56 × 5 =	22	29 × 5 =
3	94 × 5 =	23	86 × 5 =
4	18 × 5 =	24	60 × 5 =
5	21 × 5 =	25	89 × 5 =
6	79 × 5 =	26	43 × 5 =
7	38 × 5 =	27	74 × 5 =
8	54 × 5 =	28	31 × 5 =
9	26 × 5 =	29	67 × 5 =
10	95 × 5 =	30	39 × 5 =
11	78 × 5 =	31	12 × 5 =
12	16 × 5 =	32	50 × 5 =
13	32 × 5 =	33	76 × 5 =
14	48 × 5 =	34	45 × 5 =
15	64 × 5 =	35	23 × 5 =
16	70 × 5 =	36	61 × 5 =
17	52 × 5 =	37	87 × 5 =
18	19 × 5 =	38	58 × 5 =
19	35 × 5 =	39	96 × 5 =
20	13 × 5 =	40	24 × 5 =

 평가   1회   2회   확인

40

덧셈연습

6일차 주판으로 해 보세요.

1	2	3	4	5
2 4 9 9 1	5 9 7 1 3	6 2 4 3 7	8 6 9 2 5	3 2 4 6 9

6	7	8	9	10
5 1 4 9 3	9 6 7 3 7	9 2 7 3 4	4 9 6 2 4	5 8 7 9 1

11	12	13	14	15
4 6 5 8 2	2 8 9 1 4	7 9 3 6 5	3 8 3 1 6	6 8 2 5 4

평가

1회	2회

확인

암산술술

머릿속에 주판을 그리며 풀어 보세요.

1	2	3	4	5
9	6	8	5	4
3	8	2	4	2
4	7	5	3	5
6	8	9	7	6
3	1	2	2	8

6	7	8	9	10
7	8	5	5	8
8	4	7	3	9
5	3	6	6	2
9	7	9	1	7
6	4	4	9	6

11	12	13	14	15
2	9	1	4	3
6	1	9	6	7
4	3	2	9	5
7	8	3	1	9
3	7	8	3	4

평가

1회	2회	

확인

6일차 머릿속에 주판을 그리며 풀어 보세요.

1	2
8 0 + 5	9 1 + 5

3	4
7 9 × 5	3 5 × 5

5	6
5 7 + 5	3 2 + 5

7	8
8 5 × 5	9 6 × 5

9	10
1 8 + 5	8 6 + 5

11	62 × 5 =
12	46 × 5 =
13	68 × 5 =
14	13 × 5 =
15	80 × 5 =
16	91 × 5 =
17	72 × 5 =
18	53 × 5 =
19	24 × 5 =
20	57 × 5 =
21	32 × 5 =
22	70 × 5 =
23	29 × 5 =
24	84 × 5 =
25	98 × 5 =
26	30 × 5 =
27	63 × 5 =
28	41 × 5 =
29	18 × 5 =
30	86 × 5 =

평가   1회   2회   확인

곱셈연습

7일차

주판으로 해 보세요.

1	59 × 5 =	21	91 × 5 =
2	76 × 5 =	22	53 × 5 =
3	38 × 5 =	23	29 × 5 =
4	15 × 5 =	24	47 × 5 =
5	41 × 5 =	25	80 × 5 =
6	60 × 5 =	26	64 × 5 =
7	87 × 5 =	27	21 × 5 =
8	49 × 5 =	28	83 × 5 =
9	23 × 5 =	29	67 × 5 =
10	51 × 5 =	30	95 × 5 =
11	93 × 5 =	31	82 × 5 =
12	10 × 5 =	32	96 × 5 =
13	72 × 5 =	33	14 × 5 =
14	56 × 5 =	34	57 × 5 =
15	84 × 5 =	35	32 × 5 =
16	48 × 5 =	36	68 × 5 =
17	65 × 5 =	37	30 × 5 =
18	27 × 5 =	38	58 × 5 =
19	70 × 5 =	39	92 × 5 =
20	13 × 5 =	40	17 × 5 =

평가

1회   2회

확인

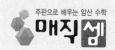

덧셈연습

7일차

주판으로 해 보세요.

1	2	3	4	5
6	4	3	6	5
9	5	2	7	4
8	8	8	2	2
3	6	3	9	8
7	9	6	8	3

6	7	8	9	10
2	7	8	6	5
3	9	1	5	6
6	4	3	4	4
8	6	2	9	9
5	8	6	1	6

11	12	13	14	15
7	9	6	9	3
2	3	4	1	7
5	7	8	8	9
1	1	7	4	2
7	2	5	5	4

평가

1회	2회

확인

암산술술

머릿속에 주판을 그리며 풀어 보세요.

1	2	3	4	5
3	6	8	4	5
6	9	9	7	6
1	2	6	3	8
9	5	2	5	1
2	4	9	6	7

6	7	8	9	10
7	9	5	2	4
1	2	8	3	8
4	6	1	5	7
2	7	4	9	4
3	8	6	7	3

11	12	13	14	15
3	8	4	9	2
4	3	6	8	5
7	5	4	5	7
2	8	1	7	1
8	1	9	3	4

평가

1회	2회	

확인

머릿속에 주판을 그리며 풀어 보세요.

1	2
7 9 + 5	6 8 + 5

3	4
3 0 × 5	9 1 × 5

5	6
4 7 + 5	7 4 + 5

7	8
7 0 × 5	4 1 × 5

9	10
4 6 + 5	2 8 + 5

11	21 × 5 =
12	46 × 5 =
13	68 × 5 =
14	13 × 5 =
15	80 × 5 =
16	94 × 5 =
17	79 × 5 =
18	35 × 5 =
19	24 × 5 =
20	57 × 5 =
21	28 × 5 =
22	74 × 5 =
23	29 × 5 =
24	85 × 5 =
25	96 × 5 =
26	55 × 5 =
27	63 × 5 =
28	42 × 5 =
29	18 × 5 =
30	73 × 5 =

 평가   1회   2회

 확인

공부한 날   월   일

8일차   주판으로 해 보세요.

1	96 × 5 =	21	30 × 5 =
2	53 × 5 =	22	68 × 5 =
3	79 × 5 =	23	84 × 5 =
4	57 × 5 =	24	74 × 5 =
5	81 × 5 =	25	31 × 5 =
6	63 × 5 =	26	56 × 5 =
7	20 × 5 =	27	24 × 5 =
8	42 × 5 =	28	58 × 5 =
9	36 × 5 =	29	39 × 5 =
10	18 × 5 =	30	72 × 5 =
11	75 × 5 =	31	71 × 5 =
12	97 × 5 =	32	98 × 5 =
13	35 × 5 =	33	50 × 5 =
14	69 × 5 =	34	34 × 5 =
15	41 × 5 =	35	62 × 5 =
16	82 × 5 =	36	37 × 5 =
17	48 × 5 =	37	54 × 5 =
18	70 × 5 =	38	16 × 5 =
19	52 × 5 =	39	92 × 5 =
20	19 × 5 =	40	80 × 5 =

평가   1회   2회

확인

48

덧셈연습

8일차

주판으로 해 보세요.

1	2	3	4	5
6	9	6	9	8
3	2	6	7	5
2	4	8	3	3
9	5	9	1	4
5	3	1	4	2

6	7	8	9	10
8	3	3	9	4
6	6	7	1	5
2	9	5	5	6
8	3	9	8	4
1	4	1	3	3

11	12	13	14	15
6	7	2	4	3
3	2	5	9	7
6	6	8	4	6
9	9	3	7	7
2	3	4	2	8

평가

1회   2회

확인

49

암산술술

머릿속에 주판을 그리며 풀어 보세요.

1	2	3	4	5
4	3	7	9	4
2	8	8	6	1
6	9	2	4	5
7	7	3	5	6
5	6	5	3	4

6	7	8	9	10
1	8	5	2	9
4	1	4	5	4
7	6	1	3	1
3	9	9	7	2
8	1	2	6	7

11	12	13	14	15
6	5	8	2	4
4	4	6	7	7
8	2	5	1	5
7	3	3	9	9
9	1	4	3	8

평가   1회   2회

확인

암산술술

머릿속에 주판을 그리며 풀어 보세요.

1	2
5 6 + 5	9 0 + 5

3	4
1 2 × 5	6 7 × 5

5	6
3 4 + 5	4 5 + 5

7	8
2 3 × 5	8 9 × 5

9	10
7 8 + 5	1 5 + 5

11 56 × 5 =

12 90 × 5 =

13 13 × 5 =

14 65 × 5 =

15 34 × 5 =

16 45 × 5 =

17 26 × 5 =

18 83 × 5 =

19 78 × 5 =

20 15 × 5 =

21 35 × 5 =

22 25 × 5 =

23 72 × 5 =

24 36 × 5 =

25 47 × 5 =

26 81 × 5 =

27 14 × 5 =

28 92 × 5 =

29 69 × 5 =

30 58 × 5 =

평가

1회   2회

확인

곱셈연습

9일차

주판으로 해 보세요.

1	88 × 5 =	21	23 × 2 =
2	96 × 5 =	22	46 × 5 =
3	14 × 5 =	23	17 × 2 =
4	57 × 5 =	24	90 × 5 =
5	35 × 5 =	25	38 × 2 =
6	97 × 5 =	26	54 × 5 =
7	63 × 5 =	27	26 × 2 =
8	81 × 5 =	28	51 × 5 =
9	24 × 5 =	29	34 × 2 =
10	48 × 5 =	30	72 × 5 =
11	65 × 5 =	31	98 × 2 =
12	27 × 5 =	32	60 × 5 =
13	19 × 5 =	33	39 × 2 =
14	42 × 5 =	34	17 × 5 =
15	34 × 5 =	35	25 × 2 =
16	58 × 5 =	36	73 × 5 =
17	91 × 5 =	37	48 × 2 =
18	76 × 5 =	38	82 × 5 =
19	87 × 5 =	39	14 × 2 =
20	49 × 5 =	40	95 × 5 =

평가

1회   2회

확인

9일차 · 덧셈연습 · 주판으로 해 보세요.

	1	2	3	4	5
	3	9	2	8	3
	2	6	4	7	9
	7	5	3	6	1
	2	8	6	2	2
	1	2	9	3	8

	6	7	8	9	10
	1	2	8	7	9
	9	4	3	9	7
	4	6	6	1	4
	1	5	2	5	4
	9	7	1	2	3

	11	12	13	14	15
	2	4	7	5	6
	8	5	8	2	8
	6	1	4	7	5
	3	8	2	3	3
	4	2	6	4	2

평가 | 1회 | 2회 | | 확인

53

암산술술

머릿속에 주판을 그리며 풀어 보세요.

1	2	3	4	5
9	5	7	3	2
6	7	6	5	7
3	8	2	6	4
1	2	9	2	5
2	6	1	8	3

6	7	8	9	10
1	2	8	9	9
8	9	5	5	1
2	8	7	7	4
4	5	3	4	1
9	6	2	8	7

11	12	13	14	15
2	5	6	4	9
3	3	4	7	8
4	4	2	9	2
1	9	1	8	4
9	4	3	3	3

평가

1회   2회

확인

54

머릿속에 주판을 그리며 풀어 보세요.

1	2
2 6 + 5	4 0 + 5

3	4
6 2 × 5	7 1 × 5

5	6
8 4 + 5	9 5 + 5

7	8
7 3 × 5	3 9 × 5

9	10
6 3 + 5	5 1 + 5

11	$26 \times 5 =$
12	$40 \times 5 =$
13	$63 \times 5 =$
14	$79 \times 5 =$
15	$84 \times 5 =$
16	$95 \times 5 =$
17	$47 \times 5 =$
18	$16 \times 5 =$
19	$28 \times 5 =$
20	$51 \times 5 =$
21	$53 \times 5 =$
22	$75 \times 5 =$
23	$20 \times 5 =$
24	$86 \times 5 =$
25	$97 \times 5 =$
26	$31 \times 5 =$
27	$64 \times 5 =$
28	$42 \times 5 =$
29	$19 \times 5 =$
30	$78 \times 5 =$

평가   1회   2회

확인

곱셈연습

10일차 주판으로 해 보세요.

1	73 × 5 =	21	71 × 2 =
2	56 × 5 =	22	85 × 5 =
3	31 × 5 =	23	53 × 2 =
4	18 × 5 =	24	60 × 5 =
5	29 × 5 =	25	37 × 2 =
6	57 × 5 =	26	62 × 5 =
7	81 × 5 =	27	93 × 2 =
8	63 × 5 =	28	17 × 5 =
9	40 × 5 =	29	24 × 2 =
10	24 × 5 =	30	68 × 5 =
11	51 × 5 =	31	44 × 2 =
12	43 × 5 =	32	21 × 5 =
13	72 × 5 =	33	83 × 2 =
14	83 × 5 =	34	67 × 5 =
15	65 × 5 =	35	95 × 2 =
16	32 × 5 =	36	37 × 5 =
17	15 × 5 =	37	54 × 2 =
18	94 × 5 =	38	16 × 5 =
19	78 × 5 =	39	80 × 2 =
20	90 × 5 =	40	98 × 5 =

 평가　1회　2회　 확인

덧셈연습

10일차 주판으로 해 보세요.

1	2	3	4	5
5	9	3	2	9
6	4	3	6	6
8	2	8	4	7
9	9	1	3	8
7	8	6	8	4

6	7	8	9	10
4	4	6	2	8
2	6	5	4	4
3	7	1	7	2
1	3	4	6	1
6	9	8	1	9

11	12	13	14	15
7	3	9	5	1
5	1	2	7	7
4	6	4	9	3
8	9	5	6	8
2	5	7	3	2

평가

1회	2회

확인

암산슐슐

머릿속에 주판을 그리며 풀어 보세요.

1	2	3	4	5
7	6	3	4	5
8	2	1	9	2
9	4	2	5	7
3	5	6	7	6
5	3	4	8	8

6	7	8	9	10
7	9	1	6	7
3	2	6	7	2
2	8	2	3	8
5	1	1	8	1
6	6	8	4	9

11	12	13	14	15
8	2	7	1	4
6	8	5	8	1
5	4	7	6	9
7	3	4	9	4
3	7	2	1	2

평가

1회　　　　　　2회

확인

58

10일차 암산술술

머릿속에 주판을 그리며 풀어 보세요.

1	2
8 2 + 5	9 4 + 5

3	4
7 1 × 5	4 5 × 5

5	6
3 3 + 5	6 7 + 5

7	8
1 5 × 5	2 6 × 5

9	10
4 8 + 5	5 9 + 5

11. 12 × 5 =
12. 56 × 5 =
13. 78 × 5 =
14. 23 × 5 =
15. 90 × 5 =
16. 19 × 5 =
17. 87 × 5 =
18. 41 × 5 =
19. 34 × 5 =
20. 67 × 5 =
21. 82 × 5 =
22. 40 × 5 =
23. 59 × 5 =
24. 13 × 5 =
25. 25 × 5 =
26. 60 × 5 =
27. 93 × 5 =
28. 79 × 5 =
29. 48 × 5 =
30. 37 × 5 =

평가 1회　　2회　　확인

59

3의 단 곱셈 구구의 이해

×	1	2	3	4	5	6	7	8	9
3	3	6	9	12	15	18	21	24	27

+3 +3 +3 +3 +3 +3 +3 +3

위와 같이 3의 단 곱셈 구구에서는 답이 3씩 커집니다.
3의 단은 3을 거듭 더해 나가는 것을 말합니다.

3씩 거듭 더하기	3의 단	답
3	3 × 1	3
3+3	3 × 2	6
3+3+3	3 × 3	9
3+3+3+3	3 × 4	12
3+3+3+3+3	3 × 5	15
3+3+3+3+3+3	3 × 6	18
3+3+3+3+3+3+3	3 × 7	21
3+3+3+3+3+3+3+3	3 × 8	24
3+3+3+3+3+3+3+3+3	3 × 9	27

3의 단 곱셈 구구를 하여 보기 와 같이 답을 쓰세요.

보기

①②
$38 \times 3 = 9, 24$

①②③
$3 \times 926 = 27, 6, 18$

1	$58 \times 3 =$,	16	$3 \times 215 =$, ,
2	$72 \times 3 =$,	17	$3 \times 637 =$, ,
3	$96 \times 3 =$,	18	$3 \times 908 =$, ,
4	$31 \times 3 =$,	19	$3 \times 476 =$, ,
5	$47 \times 3 =$,	20	$3 \times 812 =$, ,
6	$63 \times 3 =$,	21	$3 \times 543 =$, ,
7	$16 \times 3 =$,	22	$3 \times 691 =$, ,
8	$20 \times 3 =$,	23	$3 \times 735 =$, ,
9	$85 \times 3 =$,	24	$3 \times 209 =$, ,
10	$94 \times 3 =$,	25	$3 \times 482 =$, ,
11	$63 \times 3 =$,	26	$3 \times 368 =$, ,
12	$59 \times 3 =$,	27	$3 \times 740 =$, ,
13	$71 \times 3 =$,	28	$3 \times 159 =$, ,
14	$24 \times 3 =$,	29	$3 \times 823 =$, ,
15	$75 \times 3 =$,	30	$3 \times 576 =$, ,

이렇게 지도하세요 3의 단을 반복하여 외우는 훈련입니다.

곱셈연습

11일차   주판으로 해 보세요.

1	43 × 3 =	21	84 × 3 =
2	15 × 3 =	22	67 × 3 =
3	73 × 3 =	23	52 × 3 =
4	56 × 3 =	24	19 × 3 =
5	94 × 3 =	25	35 × 3 =
6	18 × 3 =	26	24 × 3 =
7	22 × 3 =	27	61 × 3 =
8	81 × 3 =	28	87 × 3 =
9	42 × 3 =	29	59 × 3 =
10	65 × 3 =	30	62 × 3 =
11	37 × 3 =	31	85 × 3 =
12	51 × 3 =	32	49 × 3 =
13	34 × 3 =	33	23 × 3 =
14	72 × 3 =	34	57 × 3 =
15	98 × 3 =	35	36 × 3 =
16	60 × 3 =	36	47 × 3 =
17	26 × 3 =	37	58 × 3 =
18	45 × 3 =	38	91 × 3 =
19	83 × 3 =	39	74 × 3 =
20	97 × 3 =	40	86 × 3 =

평가   1회   2회

확인

덧셈연습

11일차 주판으로 해 보세요.

1	2	3	4	5
4	6	2	6	2
6	8	8	2	8
5	7	4	4	9
2	4	1	3	3
7	9	9	5	7
9	3	4	4	1
3	5	6	1	5

6	7	8	9	10
8	4	6	5	2
2	8	8	8	6
1	6	9	7	4
4	7	2	9	5
9	5	7	3	7
6	3	4	4	3
7	2	6	6	4

11	12	13	14	15
7	4	5	9	3
9	6	3	4	7
3	3	2	2	5
8	6	9	5	6
5	1	3	7	9
2	8	7	6	4
1	2	1	3	2

평가

1회	2회	

확인

머릿속에 주판을 그리며 풀어 보세요.

	1	2	3	4	5
	8	2	6	7	4
	4	8	8	9	1
	6	9	6	8	8
	5	1	5	5	2
	2	4	9	3	6
	7	3	4	4	8
	9	7	7	6	1

	6	7	8	9	10
	4	9	6	5	7
	2	1	4	9	3
	8	7	2	1	5
	3	6	3	7	4
	6	3	5	8	6
	2	7	8	4	8
	9	4	7	1	2

	11	12	13	14	15
	3	2	8	4	5
	9	6	2	8	2
	1	3	9	3	3
	7	4	6	7	9
	2	5	4	6	2
	5	8	5	2	8
	6	9	1	5	4

평가   1회   2회   확인

64

암산술술

머릿속에 주판을 그리며 풀어 보세요.

1	2
4 9 + 3	2 7 + 3

3	4
8 3 × 3	5 0 × 3

5	6
5 9 + 3	3 7 + 3

7	8
2 5 × 3	1 0 × 3

9	10
9 4 + 3	1 9 + 3

11	49 × 3 =
12	68 × 3 =
13	54 × 3 =
14	35 × 3 =
15	27 × 3 =
16	38 × 3 =
17	16 × 3 =
18	72 × 3 =
19	61 × 3 =
20	94 × 3 =
21	71 × 3 =
22	93 × 3 =
23	48 × 3 =
24	12 × 3 =
25	28 × 3 =
26	59 × 3 =
27	82 × 3 =
28	76 × 3 =
29	37 × 3 =
30	26 × 3 =

평가 1회   2회

확인

곱셈연습

12일차

주판으로 해 보세요.

1	52 × 3 =	21	79 × 3 =
2	89 × 3 =	22	53 × 3 =
3	13 × 3 =	23	19 × 3 =
4	95 × 3 =	24	27 × 3 =
5	77 × 3 =	25	56 × 3 =
6	63 × 3 =	26	48 × 3 =
7	81 × 3 =	27	26 × 3 =
8	24 × 3 =	28	43 × 3 =
9	82 × 3 =	29	58 × 3 =
10	96 × 3 =	30	91 × 3 =
11	14 × 3 =	31	70 × 3 =
12	57 × 3 =	32	15 × 3 =
13	33 × 3 =	33	32 × 3 =
14	75 × 3 =	34	94 × 3 =
15	41 × 3 =	35	78 × 3 =
16	69 × 3 =	36	60 × 3 =
17	28 × 3 =	37	29 × 3 =
18	42 × 3 =	38	45 × 3 =
19	18 × 3 =	39	83 × 3 =
20	36 × 3 =	40	97 × 3 =

평가   1회   2회

확인

덧셈연습

12일차

주판으로 해 보세요.

1	2	3	4	5
4	9	6	5	3
8	3	8	7	6
6	7	7	9	1
5	2	3	3	5
2	5	1	8	9
7	6	9	4	2
9	8	2		8

6	7	8	9	10
7	2	6	4	3
6	8	2	3	7
5	3	4	6	9
3	9	5	8	6
4	6	9	2	5
9	1	8	4	9
1	1	3	7	1

11	12	13	14	15
6	5	8	9	7
7	3	4	5	7
4	4	6	7	1
5	7	7	8	9
4	2	4	6	3
8	8	3	3	6
1	6	3	2	2

평가

1회　　　　　2회

확인

암산술술

머릿속에 주판을 그리며 풀어 보세요.

1	2	3	4	5
7	5	1	3	4
3	9	5	8	6
9	7	3	5	9
6	8	2	4	2
8	2	9	6	3
4	4	4	7	8
7	7	7	2	4

6	7	8	9	10
7	2	9	8	6
2	5	3	3	8
1	8	7	7	7
5	9	1	2	4
9	3	2	9	9
1	7	3	6	2
6	1	9	5	3

11	12	13	14	15
4	5	9	7	6
5	8	4	3	6
1	3	2	5	4
8	2	5	6	8
6	4	4	9	3
3	6	1	8	5
5	9	7	4	2

평가

1회   2회

확인

암산술술

12일차

머릿속에 주판을 그리며 풀어 보세요.

1		2	
5 8 + 3		7 0 + 3	

3		4	
2 5 × 3		9 2 × 3	

5		6	
4 2 + 3		3 6 + 3	

7		8	
6 9 × 3		9 3 × 3	

9		10	
9 8 + 3		7 6 + 3	

11	$17 \times 3 =$
12	$58 \times 3 =$
13	$70 \times 3 =$
14	$39 \times 3 =$
15	$55 \times 3 =$
16	$38 \times 3 =$
17	$81 \times 3 =$
18	$47 \times 3 =$
19	$36 \times 3 =$
20	$64 \times 3 =$
21	$87 \times 3 =$
22	$46 \times 3 =$
23	$54 \times 3 =$
24	$14 \times 3 =$
25	$21 \times 3 =$
26	$65 \times 3 =$
27	$98 \times 3 =$
28	$76 \times 3 =$
29	$43 \times 3 =$
30	$32 \times 3 =$

평가

1회	2회	

확인

13일차 곱셈연습

주판으로 해 보세요.

1	16 × 3 =	21	78 × 3 =
2	89 × 3 =	22	24 × 3 =
3	27 × 3 =	23	32 × 3 =
4	43 × 3 =	24	46 × 3 =
5	15 × 3 =	25	80 × 3 =
6	84 × 3 =	26	14 × 3 =
7	67 × 3 =	27	96 × 3 =
8	52 × 3 =	28	53 × 3 =
9	19 × 3 =	29	73 × 3 =
10	37 × 3 =	30	91 × 3 =
11	58 × 3 =	31	25 × 3 =
12	69 × 3 =	32	76 × 3 =
13	41 × 3 =	33	48 × 3 =
14	82 × 3 =	34	51 × 3 =
15	40 × 3 =	35	34 × 3 =
16	23 × 3 =	36	72 × 3 =
17	61 × 3 =	37	98 × 3 =
18	87 × 3 =	38	60 × 3 =
19	59 × 3 =	39	17 × 3 =
20	95 × 3 =	40	93 × 3 =

평가   1회   2회

확인

덧셈연습

주판으로 해 보세요.

1	2	3	4	5
3 9 2 5 7 6 4	8 3 4 9 1 4 1	7 9 3 8 4 8 2	2 8 4 9 6 5 3	4 2 3 6 9 1 7

6	7	8	9	10
6 8 9 2 7 4 5	8 6 7 4 9 3 5	2 6 4 3 9 7 4	4 1 6 7 3 8 2	5 9 8 4 3 2 6

11	12	13	14	15
8 2 9 3 6 4 7	3 7 4 6 5 8 2	4 2 8 3 7 5 1	9 1 4 1 8 6 4	7 3 5 4 1 5 6

평가

1회	2회	

확인

암산술술

13일차 머릿속에 주판을 그리며 풀어 보세요.

1	2	3	4	5
5	6	9	8	7
3	7	2	4	8
2	4	7	3	6
9	5	6	9	9
4	8	8	2	4
2	3	3	8	1
7	9	7	1	7

6	7	8	9	10
4	9	2	3	5
2	5	3	9	1
6	7	4	7	8
3	8	8	3	4
8	6	7	6	6
7	4	1	4	1
5	1	9	8	9

11	12	13	14	15
1	9	5	7	8
8	3	9	2	2
4	2	7	1	6
6	6	6	9	9
5	5	3	6	4
4	8	9	4	5
2	3	1	2	7

평가 1회   2회

확인

13일차

머릿속에 주판을 그리며 풀어 보세요.

1	2
1 2 + 3	6 3 + 3

3	4
7 3 × 3	1 7 × 3

5	6
8 8 + 3	2 4 + 3

7	8
8 6 × 3	3 1 × 3

9	10
8 5 + 3	6 1 + 3

11	47 × 3 =
12	16 × 3 =
13	39 × 3 =
14	84 × 3 =
15	51 × 3 =
16	62 × 3 =
17	88 × 3 =
18	26 × 3 =
19	95 × 3 =
20	28 × 3 =
21	64 × 3 =
22	80 × 3 =
23	35 × 3 =
24	97 × 3 =
25	58 × 3 =
26	42 × 3 =
27	75 × 3 =
28	53 × 3 =
29	72 × 3 =
30	19 × 3 =

평가   1회   2회

확인

곱셈연습

14일차   주판으로 해 보세요.

1	85 × 3 =	21	19 × 2 =
2	33 × 3 =	22	37 × 3 =
3	60 × 3 =	23	92 × 5 =
4	59 × 3 =	24	85 × 2 =
5	76 × 3 =	25	36 × 3 =
6	38 × 3 =	26	42 × 5 =
7	12 × 3 =	27	26 × 2 =
8	41 × 3 =	28	43 × 3 =
9	53 × 3 =	29	58 × 5 =
10	29 × 3 =	30	91 × 2 =
11	47 × 3 =	31	79 × 3 =
12	80 × 3 =	32	31 × 5 =
13	63 × 3 =	33	72 × 2 =
14	75 × 3 =	34	56 × 3 =
15	44 × 3 =	35	84 × 5 =
16	69 × 3 =	36	28 × 2 =
17	28 × 3 =	37	96 × 3 =
18	94 × 3 =	38	14 × 5 =
19	65 × 3 =	39	57 × 2 =
20	27 × 3 =	40	30 × 3 =

평가   1회   2회

확인

 덧셈연습

14일차 주판으로 해 보세요.

1	2	3	4	5
5	1	3	2	4
8	6	8	6	2
2	7	4	3	1
9	9	9	4	8
3	5	1	5	3
7	1	9	8	6
6		2	9	7

6	7	8	9	10
4	9	3	7	1
8	2	3	4	8
6	7	4	8	9
5	3	7	1	2
2	8	9	9	8
7	5	8	2	7
3	1	6	4	8

11	12	13	14	15
7	2	5	6	8
3	7	6	3	4
5	1	4	7	6
6	9	3	5	7
9	6	3	8	5
4	8	7	2	2
8	3	4	4	3

평가 | 1회 | 2회 | | 확인

머릿속에 주판을 그리며 풀어 보세요.

1	2	3	4	5
4 9 3 6 8 4 1	9 3 1 2 5 6 8	5 9 7 8 1 6 5	7 1 9 3 8 5 4	6 8 1 4 6 8 4

6	7	8	9	10
1 4 9 2 7 6 1	8 2 4 6 5 7 8	5 3 4 7 2 9 8	2 6 4 5 8 3 9	4 4 3 8 1 5 9

11	12	13	14	15
4 7 8 2 6 7 2	9 6 3 4 3 8 2	3 9 1 7 2 5 6	7 2 8 6 3 4 2	2 8 9 7 4 5 6

평가

1회	2회		

확인

머릿속에 주판을 그리며 풀어 보세요.

1	2
7 9 + 3	8 0 + 3

3	4
3 5 × 3	5 7 × 3

5	6
6 8 + 3	8 3 + 3

7	8
3 8 × 3	9 4 × 3

9	10
5 7 + 3	7 2 + 3

11	79 × 3 =
12	13 × 3 =
13	48 × 3 =
14	80 × 3 =
15	59 × 3 =
16	68 × 3 =
17	46 × 3 =
18	20 × 3 =
19	91 × 3 =
20	24 × 3 =
21	61 × 3 =
22	83 × 3 =
23	36 × 3 =
24	92 × 3 =
25	50 × 3 =
26	49 × 3 =
27	72 × 3 =
28	56 × 3 =
29	27 × 3 =
30	16 × 3 =

평가

1회   2회

확인

곱셈연습

15일차   주판으로 해 보세요.

1	49 × 3 =	21	70 × 2 =
2	23 × 3 =	22	13 × 3 =
3	51 × 3 =	23	39 × 5 =
4	37 × 3 =	24	95 × 2 =
5	83 × 3 =	25	78 × 3 =
6	16 × 3 =	26	16 × 5 =
7	90 × 3 =	27	32 × 2 =
8	28 × 3 =	28	68 × 3 =
9	62 × 3 =	29	91 × 5 =
10	43 × 3 =	30	25 × 2 =
11	58 × 3 =	31	76 × 3 =
12	19 × 3 =	32	48 × 5 =
13	70 × 3 =	33	17 × 2 =
14	42 × 3 =	34	96 × 3 =
15	18 × 3 =	35	38 × 5 =
16	36 × 3 =	36	54 × 2 =
17	79 × 3 =	37	26 × 3 =
18	54 × 3 =	38	60 × 5 =
19	86 × 3 =	39	89 × 2 =
20	52 × 3 =	40	27 × 3 =

평가   1회   2회

확인

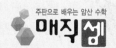

덧셈연습

15일차   주판으로 해 보세요.

1	2	3	4	5
5 1 3 2 9 4 7	6 8 7 4 9 2 7	7 3 4 1 8 2 6	6 2 4 3 5 8 9	8 3 6 5 4 8 1

6	7	8	9	10
4 5 1 6 7 4 4	8 2 9 6 4 5 3	4 9 2 7 8 3 2	6 6 8 9 6 4 1	7 1 9 8 5 2 3

11	12	13	14	15
1 8 4 3 6 7 1	5 9 7 6 3 8 2	2 6 4 3 9 6 8	5 3 2 9 5 1 7	9 3 1 7 2 5 6

 평가

1회	2회

확인

79

머릿속에 주판을 그리며 풀어 보세요.

1	2	3	4	5
3	8	2	6	9
7	4	8	8	5
5	6	1	9	7
4	3	4	2	8
6	8	9	7	6
9	1	6	4	3
2	9	5	5	2

6	7	8	9	10
6	7	4	5	7
2	9	2	2	2
4	2	3	4	1
7	8	6	8	4
3	6	8	9	1
8	3	7	2	8
9	7	5	3	2

11	12	13	14	15
3	7	1	5	6
9	5	5	4	5
2	7	8	3	4
5	1	3	2	9
7	4	7	1	3
6	1	1	9	7
4	6	6	3	2

평가

1회	2회

확인

암산술술

머릿속에 주판을 그리며 풀어 보세요.

1	2
4 5 + 3	2 9 + 3

3	4
3 0 × 3	1 8 × 3

5	6
3 8 + 3	9 3 + 3

7	8
4 5 × 3	1 6 × 3

9	10
1 4 + 3	6 7 + 3

11. $41 \times 3 =$

12. $85 \times 3 =$

13. $50 \times 3 =$

14. $52 \times 3 =$

15. $29 \times 3 =$

16. $35 \times 3 =$

17. $17 \times 3 =$

18. $74 \times 3 =$

19. $63 \times 3 =$

20. $96 \times 3 =$

21. $78 \times 3 =$

22. $90 \times 3 =$

23. $84 \times 3 =$

24. $95 \times 3 =$

25. $42 \times 3 =$

26. $56 \times 3 =$

27. $89 \times 3 =$

28. $67 \times 3 =$

29. $34 \times 3 =$

30. $23 \times 3 =$

평가   1회   2회

확인

4의 단 곱셈 구구의 이해

×	1	2	3	4	5	6	7	8	9
4	4	8	12	16	20	24	28	32	36

+4 +4 +4 +4 +4 +4 +4 +4

위와 같이 4의 단 곱셈 구구에서는 답이 4씩 커집니다.
4의 단은 4를 거듭 더해 나가는 것을 말합니다.

4씩 거듭 더하기	4의 단	답
4	4 × 1	4
4+4	4 × 2	8
4+4+4	4 × 3	12
4+4+4+4	4 × 4	16
4+4+4+4+4	4 × 5	20
4+4+4+4+4+4	4 × 6	24
4+4+4+4+4+4+4	4 × 7	28
4+4+4+4+4+4+4+4	4 × 8	32
4+4+4+4+4+4+4+4+4	4 × 9	36

4의 단 곱셈 구구를 하여 와 같이 답을 쓰세요.

보기

① ②
$97 × 4 = 36, 28$ ① ② ③
$4 × 824 = 32, 8, 16$

1	31 × 4 = ,	16	4 × 461 = , ,
2	85 × 4 = ,	17	4 × 902 = , ,
3	64 × 4 = ,	18	4 × 853 = , ,
4	72 × 4 = ,	19	5 × 176 = , ,
5	51 × 4 = ,	20	4 × 238 = , ,
6	49 × 4 = ,	21	4 × 359 = , ,
7	23 × 4 = ,	22	4 × 675 = , ,
8	74 × 4 = ,	23	4 × 486 = , ,
9	12 × 4 = ,	24	4 × 329 = , ,
10	58 × 4 = ,	25	4 × 517 = , ,
11	36 × 4 = ,	26	4 × 743 = , ,
12	47 × 4 = ,	27	4 × 694 = , ,
13	85 × 4 = ,	28	4 × 526 = , ,
14	90 × 4 = ,	29	4 × 837 = , ,
15	26 × 4 = ,	30	4 × 290 = , ,

이렇게 지도하세요 4의 단을 외워 답만 쓰는 훈련입니다.

16일차 곱셈연습

주판으로 해 보세요.

1	23 × 4 =	21	35 × 4 =
2	48 × 4 =	22	14 × 4 =
3	95 × 4 =	23	37 × 4 =
4	16 × 4 =	24	56 × 4 =
5	25 × 4 =	25	94 × 4 =
6	76 × 4 =	26	12 × 4 =
7	84 × 4 =	27	82 × 4 =
8	59 × 4 =	28	61 × 4 =
9	78 × 4 =	29	96 × 4 =
10	63 × 4 =	30	57 × 4 =
11	32 × 4 =	31	31 × 4 =
12	40 × 4 =	32	53 × 4 =
13	71 × 4 =	33	47 × 4 =
14	93 × 4 =	34	29 × 4 =
15	85 × 4 =	35	80 × 4 =
16	67 × 4 =	36	62 × 4 =
17	28 × 4 =	37	46 × 4 =
18	86 × 4 =	38	58 × 4 =
19	92 × 4 =	39	39 × 4 =
20	74 × 4 =	40	17 × 4 =

평가   1회   2회   확인

덧셈연습

16일차

주판으로 해 보세요.

1	2	3	4	5
6	7	9	2	6
8	5	2	7	4
9	4	8	1	7
5	6	4	5	3
7	3	3	9	5
9	8	7	1	9
6	2	2	8	2

6	7	8	9	10
6	8	2	7	5
7	1	3	5	3
3	7	7	8	2
5	3	8	4	4
4	6	9	9	8
9	8	1	6	6
1	2	5	3	7

11	12	13	14	15
9	1	7	9	8
7	5	3	2	4
6	6	8	3	9
8	7	9	5	2
2	1	4	6	3
4	4	2	7	7
6	1	6	8	6

평가

1회 2회

확인

암산술술

머릿속에 주판을 그리며 풀어 보세요.

1	2	3	4	5
6 9 8 2 9 1 7	4 8 7 2 5 3 1	2 8 9 6 7 2 1	7 9 3 7 5 8 4	8 2 5 4 6 7 3

6	7	8	9	10
3 9 7 2 8 1 5	1 4 8 5 6 4 3	7 3 5 6 9 4 8	9 1 5 9 2 8 1	5 1 3 4 7 8 3

11	12	13	14	15
9 8 7 4 6 5 2	8 9 4 7 6 3 5	6 2 7 9 3 4 1	8 6 5 7 8 5 3	4 2 7 3 5 8 6

 평가 1회   2회

 확인

16일차 머릿속에 주판을 그리며 풀어 보세요.

1	2
6 8 + 4	4 6 + 4

3	4
2 4 × 4	3 5 × 4

5	6
5 7 + 4	7 9 + 4

7	8
4 7 × 4	6 9 × 4

9	10
5 8 + 4	3 9 + 4

11	$26 \times 4 =$
12	$34 \times 4 =$
13	$13 \times 4 =$
14	$32 \times 4 =$
15	$68 \times 4 =$
16	$91 \times 4 =$
17	$46 \times 4 =$
18	$80 \times 4 =$
19	$57 \times 4 =$
20	$79 \times 4 =$
21	$70 \times 4 =$
22	$81 \times 4 =$
23	$45 \times 4 =$
24	$67 \times 4 =$
25	$36 \times 4 =$
26	$14 \times 4 =$
27	$63 \times 4 =$
28	$58 \times 4 =$
29	$92 \times 4 =$
30	$25 \times 4 =$

평가

| 1회 | 2회 | | 확인 |

곱셈연습

17일차

주판으로 해 보세요.

1	82 × 4 =	21	89 × 4 =
2	64 × 4 =	22	76 × 4 =
3	23 × 4 =	23	38 × 4 =
4	55 × 4 =	24	12 × 4 =
5	91 × 4 =	25	40 × 4 =
6	18 × 4 =	26	71 × 4 =
7	46 × 4 =	27	98 × 4 =
8	52 × 4 =	28	53 × 4 =
9	70 × 4 =	29	42 × 4 =
10	19 × 4 =	30	28 × 4 =
11	34 × 4 =	31	92 × 4 =
12	21 × 4 =	32	61 × 4 =
13	83 × 4 =	33	45 × 4 =
14	67 × 4 =	34	73 × 4 =
15	59 × 4 =	35	15 × 4 =
16	93 × 4 =	36	32 × 4 =
17	10 × 4 =	37	94 × 4 =
18	72 × 4 =	38	78 × 4 =
19	58 × 4 =	39	66 × 4 =
20	65 × 4 =	40	87 × 4 =

평가   1회   2회

확인

덧셈연습

17일차 주판으로 해 보세요.

1	2	3	4	5
4	7	8	6	6
5	5	4	3	2
9	3	6	9	3
3	8	7	2	8
7	6	5	7	6
2	1	4	4	9
	2	3	5	7

6	7	8	9	10
4	6	8	9	2
8	7	2	3	6
1	8	9	7	6
2	4	6	1	1
6	9	4	5	8
3	2	5	6	4
7	7	7	8	7

11	12	13	14	15
7	4	3	5	5
1	9	2	3	9
8	1	8	6	1
9	6	4	2	8
3	8	7	4	3
4	3	6	9	7
6	4	2	1	4

평가

1회	2회	

확인

머릿속에 주판을 그리며 풀어 보세요.

1	2	3	4	5
5	7	9	4	3
3	3	3	2	6
2	9	1	8	1
9	8	7	1	4
4	2	2	1	3
7	6	5	2	9
8	5	6	6	8

6	7	8	9	10
8	5	4	2	1
2	9	1	6	8
4	7	8	4	3
6	4	6	3	7
4	8	2	4	4
1	2	4	2	2
9	6	7	4	9

11	12	13	14	15
7	5	3	2	9
9	3	5	8	5
3	4	6	4	8
8	3	1	9	7
5	7	8	2	1
7	4	4	4	4
1	9	7	3	3

평가   1회   2회

확인

90

머릿속에 주판을 그리며 풀어 보세요.

1		2

	8 7		9 3
+	4	+	4

3		4

	2 3		9 0
×	4	×	4

5		6

	2 4		7 6
+	4	+	4

7		8

	2 8		4 9
×	4	×	4

9		10

	3 9		8 4
+	4	+	4

11	21 × 4 =
12	64 × 4 =
13	87 × 4 =
14	33 × 4 =
15	97 × 4 =
16	13 × 4 =
17	98 × 4 =
18	54 × 4 =
19	43 × 4 =
20	76 × 4 =
21	37 × 4 =
22	41 × 4 =
23	95 × 4 =
24	51 × 4 =
25	62 × 4 =
26	65 × 4 =
27	39 × 4 =
28	17 × 4 =
29	84 × 4 =
30	73 × 4 =

평가 | 1회 | 2회 | | 확인

곱셈연습

18일차   주판으로 해 보세요.

1	42 × 4 =	21	98 × 4 =
2	36 × 4 =	22	50 × 4 =
3	18 × 4 =	23	34 × 4 =
4	79 × 4 =	24	26 × 4 =
5	54 × 4 =	25	82 × 4 =
6	86 × 4 =	26	96 × 4 =
7	70 × 4 =	27	28 × 4 =
8	52 × 4 =	28	53 × 4 =
9	13 × 4 =	29	75 × 4 =
10	95 × 4 =	30	12 × 4 =
11	76 × 4 =	31	29 × 4 =
12	45 × 4 =	32	47 × 4 =
13	38 × 4 =	33	83 × 4 =
14	14 × 4 =	34	68 × 4 =
15	39 × 4 =	35	74 × 4 =
16	60 × 4 =	36	92 × 4 =
17	72 × 4 =	37	31 × 4 =
18	56 × 4 =	38	57 × 4 =
19	48 × 4 =	39	24 × 4 =
20	17 × 4 =	40	69 × 4 =

평가   1회   2회

확인

덧셈연습

18일차

주판으로 해 보세요.

1	2	3	4	5
9 3 8 4 1 4 1	4 9 1 6 9 2 4	5 3 2 9 4 8 7	4 2 8 3 5 7 4	2 9 6 1 4 5 7

6	7	8	9	10
2 7 1 6 8 3 5	7 3 5 9 2 8 6	7 8 4 7 2 3 4	9 4 7 8 6 3 7	8 9 2 1 4 1 5

11	12	13	14	15
5 9 1 3 7 6 4	1 8 2 4 6 3 7	3 3 9 9 8 2 1	4 2 3 6 7 5 9	6 2 3 5 8 2 7

평가

1회	2회

확인

93

머릿속에 주판을 그리며 풀어 보세요.

1	2	3	4	5
8	6	5	4	8
7	2	3	8	3
5	9	6	2	1
4	3	2	6	7
3	5	8	9	2
6	7	9	5	4
2	8	4	1	9

6	7	8	9	10
5	2	6	3	8
4	9	3	1	5
6	4	7	6	2
7	7	8	4	9
3	5	1	8	7
2	6	4	2	6
4	3	1	1	4

11	12	13	14	15
7	5	9	7	9
6	8	5	4	8
4	6	3	8	6
3	2	2	6	2
9	8	6	7	9
2	1	8	2	5
5	9	7	3	1

평가 | 1회 | 2회 | | 확인

18일차 머릿속에 주판을 그리며 풀어 보세요.

1	2
1 3 + 4	7 0 + 4

3	4
2 5 × 4	9 2 × 4

5	6
4 2 + 4	2 1 + 4

7	8
9 3 × 4	5 4 × 4

9	10
9 8 + 4	6 6 + 4

11. $14 \times 4 =$

12. $58 \times 4 =$

13. $70 \times 4 =$

14. $27 \times 4 =$

15. $91 \times 4 =$

16. $38 \times 4 =$

17. $81 \times 4 =$

18. $47 \times 4 =$

19. $36 \times 4 =$

20. $69 \times 4 =$

21. $87 \times 4 =$

22. $94 \times 4 =$

23. $67 \times 4 =$

24. $18 \times 4 =$

25. $21 \times 4 =$

26. $65 \times 4 =$

27. $98 \times 4 =$

28. $76 \times 4 =$

29. $43 \times 4 =$

30. $32 \times 4 =$

평가   1회   2회   확인

공부한 날   월   일

19일차

주판으로 해 보세요.

1	58 × 4 =	21	15 × 4 =
2	97 × 4 =	22	32 × 3 =
3	12 × 4 =	23	94 × 2 =
4	81 × 4 =	24	78 × 5 =
5	49 × 4 =	25	69 × 2 =
6	65 × 4 =	26	31 × 3 =
7	37 × 4 =	27	72 × 5 =
8	82 × 4 =	28	56 × 3 =
9	40 × 4 =	29	84 × 2 =
10	96 × 4 =	30	23 × 4 =
11	14 × 4 =	31	54 × 5 =
12	57 × 4 =	32	16 × 3 =
13	34 × 4 =	33	90 × 4 =
14	86 × 4 =	34	28 × 2 =
15	52 × 4 =	35	84 × 5 =
16	71 × 4 =	36	67 × 4 =
17	39 × 4 =	37	50 × 3 =
18	60 × 4 =	38	21 × 2 =
19	87 × 4 =	39	45 × 5 =
20	25 × 4 =	40	93 × 2 =

평가   1회   2회

확인

덧셈연습

19일차

주판으로 해 보세요.

1	2	3	4	5
2 6 3 4 9 8 3	7 5 8 9 4 2 6	8 9 7 5 3 6 2	6 3 1 2 3 8 4	4 6 7 8 5 1 9

6	7	8	9	10
1 9 5 3 2 8 7	9 3 7 1 8 4 3	4 2 8 5 6 3 7	9 1 4 2 3 2 4	4 8 2 5 1 9 2

11	12	13	14	15
3 7 8 4 2 1 9	8 6 2 5 4 9 7	2 7 4 5 9 7 1	9 7 6 3 9 1 7	7 3 4 1 8 1 6

평가

1회	2회	

확인

머릿속에 주판을 그리며 풀어 보세요.

1	2	3	4	5
3	7	8	4	2
4	7	5	3	6
1	1	2	9	5
2	9	4	7	8
9	2	2	2	7
1	8	4	9	9
6	3	6	3	3

6	7	8	9	10
8	9	1	7	1
7	6	3	3	4
3	4	5	2	9
5	2	1	5	3
2	3	4	4	6
4	1	1	8	2
1	8	8	1	7

11	12	13	14	15
5	4	9	5	6
3	8	7	2	4
9	5	3	3	7
6	2	6	9	8
7	3	5	8	3
2	9	8	7	2
4	7	4	6	5

머릿속에 주판을 그리며 풀어 보세요.

1	2
4 5 + 4	8 3 + 4

3	4
7 5 × 4	5 0 × 4

5	6
1 2 + 4	6 4 + 4

7	8
1 4 × 4	4 0 × 4

9	10
5 9 + 4	3 7 + 4

11	$49 \times 4 =$
12	$83 \times 4 =$
13	$76 \times 4 =$
14	$54 \times 4 =$
15	$27 \times 4 =$
16	$38 \times 4 =$
17	$16 \times 4 =$
18	$70 \times 4 =$
19	$61 \times 4 =$
20	$94 \times 4 =$
21	$71 \times 4 =$
22	$93 \times 4 =$
23	$48 \times 4 =$
24	$17 \times 4 =$
25	$26 \times 4 =$
26	$59 \times 4 =$
27	$82 \times 4 =$
28	$60 \times 4 =$
29	$37 \times 4 =$
30	$62 \times 4 =$

평가

1회	2회

확인

곱셈연습

20일차   주판으로 해 보세요.

1	28 × 4 =	21	97 × 2 =
2	64 × 4 =	22	85 × 3 =
3	96 × 4 =	23	42 × 4 =
4	53 × 4 =	24	64 × 5 =
5	76 × 4 =	25	23 × 2 =
6	89 × 4 =	26	61 × 4 =
7	27 × 4 =	27	87 × 5 =
8	43 × 4 =	28	59 × 3 =
9	15 × 4 =	29	18 × 4 =
10	97 × 4 =	30	34 × 3 =
11	58 × 4 =	31	72 × 2 =
12	16 × 4 =	32	98 × 5 =
13	32 × 4 =	33	60 × 2 =
14	46 × 4 =	34	73 × 3 =
15	24 × 4 =	35	56 × 4 =
16	55 × 4 =	36	94 × 5 =
17	80 × 4 =	37	18 × 2 =
18	39 × 4 =	38	23 × 4 =
19	71 × 4 =	39	91 × 3 =
20	17 × 4 =	40	25 × 5 =

평가

1회	2회	

확인

20일차 덧셈연습

주판으로 해 보세요.

1	2	3	4	5
7	2	3	4	3
9	5	2	5	2
6	8	8	9	9
4	3	6	7	1
8	4	7	6	8
2	6	9	8	3
5	2	4	3	7
5				

6	7	8	9	10
4	5	3	6	9
8	4	1	8	3
2	3	6	1	2
4	7	9	9	7
6	1	2	3	8
1	9	8	7	6
5	4	4	2	9

11	12	13	14	15
9	7	9	8	2
8	5	5	2	5
2	3	7	6	7
1	9	3	4	6
4	1	2	3	8
1	4	6	5	3
7	1	8	9	4

평가 | 1회 | 2회 | | 확인

암산술술

20일차

머릿속에 주판을 그리며 풀어 보세요.

1	2	3	4	5
3	4	5	6	2
9	7	1	8	8
2	5	3	5	7
1	6	4	2	5
8	3	7	3	4
6	9	9	1	8
5	2	1	7	3

6	7	8	9	10
3	6	7	9	4
6	9	4	5	2
9	9	3	7	3
4	4	1	8	9
5	6	6	6	6
7	3	8	1	5
8	7	2	3	8

11	12	13	14	15
8	4	9	7	1
3	6	2	3	8
4	8	5	5	3
9	7	3	9	7
5	5	4	2	1
6	9	8	3	2
7	2	7	1	4

평가   1회   2회

확인

102

암산술술
20일차

주판으로 해 보세요.

1	2
9 7 + 4	8 6 + 4

3	4
6 4 × 4	7 5 × 4

5	6
2 2 + 4	1 8 + 4

7	8
3 8 × 4	8 3 × 4

9	10
9 4 + 4	4 7 + 4

11	$97 \times 4 =$
12	$13 \times 4 =$
13	$53 \times 4 =$
14	$20 \times 4 =$
15	$45 \times 4 =$
16	$86 \times 4 =$
17	$63 \times 4 =$
18	$78 \times 4 =$
19	$19 \times 4 =$
20	$42 \times 4 =$
21	$16 \times 4 =$
22	$35 \times 4 =$
23	$92 \times 4 =$
24	$49 \times 4 =$
25	$57 \times 4 =$
26	$94 \times 4 =$
27	$27 \times 4 =$
28	$76 \times 4 =$
29	$47 \times 4 =$
30	$61 \times 4 =$

평가

1회   2회

확인

아래 그림을 잘 보고 물음에 답해 보세요.

① 성냥개비 12개로 4개의 정사각형을 만들었어요. 성냥개비 2개를 들어내어 2개의
정사각형을 만들어 보세요.

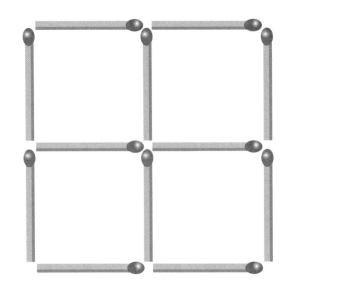

② 아래의 모양을 잘 보고 성냥개비 4개를 들어내어 5개의 작은 정삼각형을
만들어 보세요.

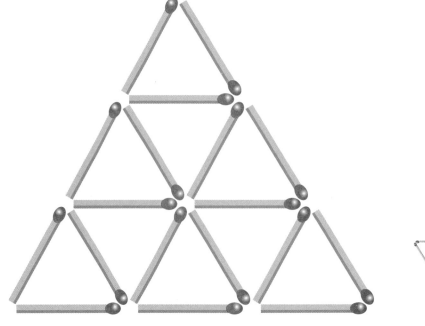

곱셈
해답

3단계

17쪽 핵심콕콕

①	②	③	④	⑤	⑥	⑦	⑧	⑨	⑩
18,12	8,14	4,0	16,2	2,4	6,0	10,4	6,16	12,10	14,12

⑪	⑫	⑬	⑭	⑮	⑯	⑰	⑱	⑲	⑳
4,8	12,6	14,18	16,8	18,4	6,18,0	16,4,12	12,2,18	10,8,6	14,12,4

㉑	㉒	㉓	㉔	㉕	㉖	㉗	㉘	㉙	㉚
2,0,14	18,6,10	4,14,8	8,16,2	16,10,14	8,0,16	10,2,18	12,16,6	14,6,10	18,4,0

1일차

18쪽 곱셈연습

①	②	③	④	⑤	⑥	⑦	⑧	⑨	⑩
174	118	136	184	148	62	100	52	86	116
⑪	⑫	⑬	⑭	⑮	⑯	⑰	⑱	⑲	⑳
182	156	40	192	28	114	68	42	166	134
㉑	㉒	㉓	㉔	㉕	㉖	㉗	㉘	㉙	㉚
190	30	64	188	160	128	172	104	142	78
㉛	㉜	㉝	㉞	㉟	㊱	㊲	㊳	㊴	㊵
186	144	112	168	120	36	98	46	102	194

19쪽 덧셈연습

①	②	③	④	⑤	⑥	⑦	⑧	⑨	⑩
29	30	25	31	20	25	32	22	30	24
⑪	⑫	⑬	⑭	⑮					
34	16	23	22	24					

20쪽 암산술술

①	②	③	④	⑤	⑥	⑦	⑧	⑨	⑩
31	23	20	24	35	24	30	21	21	34
⑪	⑫	⑬	⑭	⑮					
32	16	30	20	22					

21쪽 암산술술

①	②	③	④	⑤	⑥	⑦	⑧	⑨	⑩
44	29	46	22	77	63	64	86	55	86
⑪	⑫	⑬	⑭	⑮	⑯	⑰	⑱	⑲	⑳
40	34	72	90	20	42	66	84	26	44
㉑	㉒	㉓	㉔	㉕	㉖	㉗	㉘	㉙	㉚
62	80	24	48	60	82	28	46	68	88

2일차

22쪽 곱셈연습

①	②	③	④	⑤	⑥	⑦	⑧	⑨	⑩
136	184	148	26	90	48	72	36	150	118
⑪	⑫	⑬	⑭	⑮	⑯	⑰	⑱	⑲	⑳
56	28	192	106	74	38	146	170	84	138
㉑	㉒	㉓	㉔	㉕	㉖	㉗	㉘	㉙	㉚
168	134	102	52	38	186	168	134	104	22
㉛	㉜	㉝	㉞	㉟	㊱	㊲	㊳	㊴	㊵
60	158	76	108	54	164	32	196	140	58

23쪽 덧셈연습

①	②	③	④	⑤	⑥	⑦	⑧	⑨	⑩
25	26	25	27	30	32	20	22	31	21
⑪	⑫	⑬	⑭	⑮					
24	30	23	20	25					

24쪽 암산술술

①	②	③	④	⑤	⑥	⑦	⑧	⑨	⑩
26	30	25	26	31	24	21	33	26	24
⑪	⑫	⑬	⑭	⑮					
34	15	25	32	27					

25쪽 암산술술

①	②	③	④	⑤	⑥	⑦	⑧	⑨	⑩
39	73	28	46	84	15	68	88	50	98
⑪	⑫	⑬	⑭	⑮	⑯	⑰	⑱	⑲	⑳
74	142	186	96	30	52	80	118	164	120
㉑	㉒	㉓	㉔	㉕	㉖	㉗	㉘	㉙	㉚
92	136	26	158	160	48	114	70	40	182

3일차

26쪽 곱셈연습

①	②	③	④	⑤	⑥	⑦	⑧	⑨	⑩
42	176	134	190	102	68	144	196	120	184
⑪	⑫	⑬	⑭	⑮	⑯	⑰	⑱	⑲	⑳
156	32	64	94	70	138	82	164	56	90
㉑	㉒	㉓	㉔	㉕	㉖	㉗	㉘	㉙	㉚
166	194	26	182	50	152	86	168	136	104
㉛	㉜	㉝	㉞	㉟	㊱	㊲	㊳	㊴	㊵
38	62	158	76	108	52	174	28	192	106

27쪽 덧셈연습

①	②	③	④	⑤	⑥	⑦	⑧	⑨	⑩
21	26	24	26	25	35	23	22	21	25
⑪	⑫	⑬	⑭	⑮					
30	24	25	30	20					

28쪽 암산술술

①	②	③	④	⑤	⑥	⑦	⑧	⑨	⑩
33	30	23	34	25	25	24	30	23	32
⑪	⑫	⑬	⑭	⑮					
24	24	27	20	32					

29쪽 암산술술

①	②	③	④	⑤	⑥	⑦	⑧	⑨	⑩
24	92	24	48	69	96	60	82	95	36
⑪	⑫	⑬	⑭	⑮	⑯	⑰	⑱	⑲	⑳
34	112	156	106	180	62	178	90	68	134
㉑	㉒	㉓	㉔	㉕	㉖	㉗	㉘	㉙	㉚
164	188	118	30	52	120	186	142	96	74

4일차

30쪽 곱셈연습

①	②	③	④	⑤	⑥	⑦	⑧	⑨	⑩
64	188	156	120	94	152	76	24	80	136
⑪	⑫	⑬	⑭	⑮	⑯	⑰	⑱	⑲	⑳
184	148	62	90	46	122	174	118	56	28
㉑	㉒	㉓	㉔	㉕	㉖	㉗	㉘	㉙	㉚
192	106	142	178	86	108	52	168	134	104
㉛	㉜	㉝	㉞	㉟	㊱	㊲	㊳	㊴	㊵
180	26	78	84	114	128	172	48	116	60

31쪽 덧셈연습

①	②	③	④	⑤	⑥	⑦	⑧	⑨	⑩
30	22	32	20	32	34	15	23	20	25
⑪	⑫	⑬	⑭	⑮					
25	20	22	34	23					

32쪽 암산술술

①	②	③	④	⑤	⑥	⑦	⑧	⑨	⑩
25	21	25	24	30	22	25	23	27	31
⑪	⑫	⑬	⑭	⑮					
28	27	20	30	27					

33쪽 암산술술

①	②	③	④	⑤	⑥	⑦	⑧	⑨	⑩
52	21	26	44	85	43	62	80	66	74
⑪	⑫	⑬	⑭	⑮	⑯	⑰	⑱	⑲	⑳
188	76	100	50	144	166	122	54	32	98
㉑	㉒	㉓	㉔	㉕	㉖	㉗	㉘	㉙	㉚
34	78	168	94	102	190	56	120	146	124

5일차

34쪽 곱셈연습

①	②	③	④	⑤	⑥	⑦	⑧	⑨	⑩
84	130	72	158	100	136	174	148	184	70
⑪	⑫	⑬	⑭	⑮	⑯	⑰	⑱	⑲	⑳
36	40	192	28	114	78	26	144	112	168

㉑	㉒	㉓	㉔	㉕	㉖	㉗	㉘	㉙	㉚
52	86	116	182	126	34	196	106	92	48
㉛	㉜	㉝	㉞	㉟	㊱	㊲	㊳	㊴	㊵
172	104	140	24	186	150	82	138	56	30

35 쪽 — 덧셈연습

❶	❷	❸	❹	❺	❻	❼	❽	❾	❿
24	26	23	28	26	34	25	26	33	33
⓫	⓬	⓭	⓮	⓯					
24	21	25	24	28					

36 쪽 — 암산술술

❶	❷	❸	❹	❺	❻	❼	❽	❾	❿
15	31	34	31	25	24	23	30	22	26
⓫	⓬	⓭	⓮	⓯					
25	24	20	26	35					

37 쪽 — 암산술술

❶	❷	❸	❹	❺	❻	❼	❽	❾	❿
35	18	20	42	30	49	66	84	61	64
⓫	⓬	⓭	⓮	⓯	⓰	⓱	⓲	⓳	⓴
188	76	100	170	144	166	122	54	32	98
㉑	㉒	㉓	㉔	㉕	㉖	㉗	㉘	㉙	㉚
34	78	168	80	102	190	56	112	146	124

5의 단 곱셈 구구의 이해

39 쪽 — 핵심콕콕

❶	❷	❸	❹	❺	❻	❼	❽	❾	❿
10,40	45,35	15,5	35,45	30,20	5,25	40,15	20,10	25,30	35,45
⓫	⓬	⓭	⓮	⓯	⓰	⓱	⓲	⓳	⓴
30,15	40,35	10,20	20,40	15,25	20,0,30	15,45,25	10,15,40	45,10,5	40,30,35
㉑	㉒	㉓	㉔	㉕	㉖	㉗	㉘	㉙	㉚
25,20,10	35,5,40	30,25,15	5,35,45	20,40,25	10,15,5	25,30,20	35,45,0	40,5,20	45,15,30

6일차

40 쪽 — 곱셈연습

❶	❷	❸	❹	❺	❻	❼	❽	❾	❿
365	280	470	90	105	395	190	270	130	475
⓫	⓬	⓭	⓮	⓯	⓰	⓱	⓲	⓳	⓴
390	80	160	240	320	350	260	95	175	65
㉑	㉒	㉓	㉔	㉕	㉖	㉗	㉘	㉙	㉚
235	145	430	300	445	215	370	155	335	195
㉛	㉜	㉝	㉞	㉟	㊱	㊲	㊳	㊴	㊵
60	250	380	225	115	305	435	290	480	120

41 쪽 — 덧셈연습

❶	❷	❸	❹	❺	❻	❼	❽	❾	❿
25	25	22	30	24	22	32	25	25	30
⓫	⓬	⓭	⓮	⓯					
25	24	30	21	25					

42 쪽 — 암산술술

❶	❷	❸	❹	❺	❻	❼	❽	❾	❿
25	30	26	21	25	35	26	31	24	32
⓫	⓬	⓭	⓮	⓯					
22	28	23	23	28					

43 쪽 — 암산술술

❶	❷	❸	❹	❺	❻	❼	❽	❾	❿
85	96	395	175	62	37	425	480	23	91
⓫	⓬	⓭	⓮	⓯	⓰	⓱	⓲	⓳	⓴
310	230	340	65	400	455	360	265	120	285
㉑	㉒	㉓	㉔	㉕	㉖	㉗	㉘	㉙	㉚
160	350	145	420	490	150	315	205	90	430

7일차

44 쪽 — 곱셈연습

❶	❷	❸	❹	❺	❻	❼	❽	❾	❿
295	380	190	75	205	300	435	245	115	255

⓫	⓬	⓭	⓮	⓯	⓰	⓱	⓲	⓳	⓴
465	50	360	280	420	240	325	135	350	65
㉑	㉒	㉓	㉔	㉕	㉖	㉗	㉘	㉙	㉚
455	265	145	235	400	320	105	415	335	475
㉛	㉜	㉝	㉞	㉟	㊱	㊲	㊳	㊴	㊵
410	480	70	285	160	340	150	290	460	85

45 쪽 — 덧셈연습

❶	❷	❸	❹	❺	❻	❼	❽	❾	❿
33	32	22	32	22	24	34	20	25	30
⓫	⓬	⓭	⓮	⓯					
22	22	30	27	25					

46 쪽 — 암산술술

❶	❷	❸	❹	❺	❻	❼	❽	❾	❿
21	26	34	25	27	17	32	24	26	26
⓫	⓬	⓭	⓮	⓯					
24	25	24	32	19					

47 쪽 — 암산술술

❶	❷	❸	❹	❺	❻	❼	❽	❾	❿
84	73	150	455	52	79	350	205	51	33
⓫	⓬	⓭	⓮	⓯	⓰	⓱	⓲	⓳	⓴
105	230	340	65	400	470	395	175	120	285
㉑	㉒	㉓	㉔	㉕	㉖	㉗	㉘	㉙	㉚
140	370	145	425	480	275	315	210	90	365

8일차

48 쪽 — 곱셈연습

❶	❷	❸	❹	❺	❻	❼	❽	❾	❿
480	265	395	285	405	315	100	210	180	90
⓫	⓬	⓭	⓮	⓯	⓰	⓱	⓲	⓳	⓴
375	485	175	345	205	410	240	350	260	95
㉑	㉒	㉓	㉔	㉕	㉖	㉗	㉘	㉙	㉚
150	340	420	370	155	280	120	290	195	360
㉛	㉜	㉝	㉞	㉟	㊱	㊲	㊳	㊴	㊵
355	490	250	170	310	185	270	80	460	400

49 쪽 — 덧셈연습

❶	❷	❸	❹	❺	❻	❼	❽	❾	❿
25	23	30	24	22	25	25	25	26	22
⓫	⓬	⓭	⓮	⓯					
26	27	22	26	31					

50 쪽 — 암산술술

❶	❷	❸	❹	❺	❻	❼	❽	❾	❿
24	33	25	27	20	23	25	21	23	23
⓫	⓬	⓭	⓮	⓯					
34	15	26	22	33					

51 쪽 — 암산술술

❶	❷	❸	❹	❺	❻	❼	❽	❾	❿
61	95	60	335	39	50	115	445	83	20
⓫	⓬	⓭	⓮	⓯	⓰	⓱	⓲	⓳	⓴
280	450	65	325	170	225	130	415	390	75
㉑	㉒	㉓	㉔	㉕	㉖	㉗	㉘	㉙	㉚
175	125	360	180	235	405	70	460	345	290

9일차

52 쪽 — 곱셈연습

❶	❷	❸	❹	❺	❻	❼	❽	❾	❿
440	480	70	285	175	485	315	405	120	240
⓫	⓬	⓭	⓮	⓯	⓰	⓱	⓲	⓳	⓴
325	135	95	210	170	290	455	380	435	245
㉑	㉒	㉓	㉔	㉕	㉖	㉗	㉘	㉙	㉚
46	230	34	450	76	270	52	255	68	360
㉛	㉜	㉝	㉞	㉟	㊱	㊲	㊳	㊴	㊵
196	300	78	85	50	365	96	410	28	475

53 쪽 — 덧셈연습

❶	❷	❸	❹	❺	❻	❼	❽	❾	❿
15	30	24	26	23	24	24	20	24	27

⑪	⑫	⑬	⑭	⑮
23	20	27	21	24

54 쪽　　　　　　　　　　　암산술술

①	②	③	④	⑤	⑥	⑦	⑧	⑨	⑩
21	28	25	24	21	24	30	25	33	22
⑪	⑫	⑬	⑭	⑮					
19	25	16	31	26					

55 쪽　　　　　　　　　　　암산술술

①	②	③	④	⑤	⑥	⑦	⑧	⑨	⑩
31	45	310	355	89	100	365	195	68	56
⑪	⑫	⑬	⑭	⑮	⑯	⑰	⑱	⑲	⑳
130	200	315	395	420	475	235	80	140	255
㉑	㉒	㉓	㉔	㉕	㉖	㉗	㉘	㉙	㉚
265	375	100	430	485	155	320	210	95	375

10일차

56 쪽　　　　　　　　　　　곱셈연습

①	②	③	④	⑤	⑥	⑦	⑧	⑨	⑩
365	280	155	90	145	285	405	315	200	120
⑪	⑫	⑬	⑭	⑮	⑯	⑰	⑱	⑲	⑳
255	215	360	415	325	160	75	470	390	450
㉑	㉒	㉓	㉔	㉕	㉖	㉗	㉘	㉙	㉚
142	425	106	300	74	310	186	85	48	340
㉛	㉜	㉝	㉞	㉟	㊱	㊲	㊳	㊴	㊵
88	105	166	335	190	185	108	80	160	490

57 쪽　　　　　　　　　　　덧셈연습

①	②	③	④	⑤	⑥	⑦	⑧	⑨	⑩
35	32	21	23	34	16	29	24	20	24
⑪	⑫	⑬	⑭	⑮					
26	24	27	30	21					

58 쪽　　　　　　　　　　　암산술술

①	②	③	④	⑤	⑥	⑦	⑧	⑨	⑩
32	20	16	33	28	23	26	18	28	27
⑪	⑫	⑬	⑭	⑮					
29	24	25	25	20					

59 쪽　　　　　　　　　　　암산술술

①	②	③	④	⑤	⑥	⑦	⑧	⑨	⑩
87	99	355	225	38	72	75	130	53	64
⑪	⑫	⑬	⑭	⑮	⑯	⑰	⑱	⑲	⑳
60	280	390	115	450	95	435	205	170	335
㉑	㉒	㉓	㉔	㉕	㉖	㉗	㉘	㉙	㉚
410	200	295	65	125	300	465	395	240	185

3의 단 곱셈 구구의 이해

61 쪽　　　　　　　　　　　핵심콕콕

①	②	③	④	⑤	⑥	⑦	⑧	⑨	⑩
15,24	21,6	27,18	9,3	12,21	18,9	3,18	6,0	24,15	27,12
⑪	⑫	⑬	⑭	⑮	⑯	⑰	⑱	⑲	⑳
18,9	15,27	21,3	6,12	21,15	6,3,15	18,9,21	27,0,24	12,21,18	24,3,6
㉑	㉒	㉓	㉔	㉕	㉖	㉗	㉘	㉙	㉚
15,12,9	18,27,3	21,9,15	6,0,27	12,24,6	9,18,24	21,12,0	3,15,27	24,6,9	15,21,18

11일차

62 쪽　　　　　　　　　　　곱셈연습

①	②	③	④	⑤	⑥	⑦	⑧	⑨	⑩
129	45	219	168	282	54	66	243	126	195
⑪	⑫	⑬	⑭	⑮	⑯	⑰	⑱	⑲	⑳
111	153	102	216	294	180	78	135	249	291
㉑	㉒	㉓	㉔	㉕	㉖	㉗	㉘	㉙	㉚
252	201	156	57	105	72	183	261	177	186
㉛	㉜	㉝	㉞	㉟	㊱	㊲	㊳	㊴	㊵
255	147	69	171	108	141	174	273	222	258

63 쪽　　　　　　　　　　　덧셈연습

①	②	③	④	⑤	⑥	⑦	⑧	⑨	⑩
36	42	34	25	35	37	35	42	42	31
⑪	⑫	⑬	⑭	⑮					
35	30	30	36	36					

64 쪽　　　　　　　　　　　암산술술

①	②	③	④	⑤	⑥	⑦	⑧	⑨	⑩
41	34	45	42	30	34	37	35	35	35
⑪	⑫	⑬	⑭	⑮					
33	37	35	35	33					

65 쪽　　　　　　　　　　　암산술술

①	②	③	④	⑤	⑥	⑦	⑧	⑨	⑩
52	30	249	150	62	40	75	30	97	22
⑪	⑫	⑬	⑭	⑮	⑯	⑰	⑱	⑲	⑳
147	204	162	105	81	114	48	216	183	282
㉑	㉒	㉓	㉔	㉕	㉖	㉗	㉘	㉙	㉚
213	279	144	36	84	177	246	228	111	78

12일차

66 쪽　　　　　　　　　　　곱셈연습

①	②	③	④	⑤	⑥	⑦	⑧	⑨	⑩
156	267	39	285	231	189	243	72	246	288
⑪	⑫	⑬	⑭	⑮	⑯	⑰	⑱	⑲	⑳
42	171	99	225	123	207	84	126	54	108
㉑	㉒	㉓	㉔	㉕	㉖	㉗	㉘	㉙	㉚
237	159	57	81	168	144	78	129	174	273
㉛	㉜	㉝	㉞	㉟	㊱	㊲	㊳	㊴	㊵
210	45	96	282	234	180	87	135	249	291

67 쪽　　　　　　　　　　　덧셈연습

①	②	③	④	⑤	⑥	⑦	⑧	⑨	⑩
41	40	36	42	34	35	30	37	34	40
⑪	⑫	⑬	⑭	⑮					
35	35	35	40	35					

68 쪽　　　　　　　　　　　암산술술

①	②	③	④	⑤	⑥	⑦	⑧	⑨	⑩
44	42	31	35	36	31	35	34	40	39
⑪	⑫	⑬	⑭	⑮					
32	37	32	42	34					

69 쪽　　　　　　　　　　　암산술술

①	②	③	④	⑤	⑥	⑦	⑧	⑨	⑩
61	73	75	276	45	39	207	279	101	79
⑪	⑫	⑬	⑭	⑮	⑯	⑰	⑱	⑲	⑳
51	174	210	117	165	114	243	141	108	192
㉑	㉒	㉓	㉔	㉕	㉖	㉗	㉘	㉙	㉚
261	138	162	42	63	195	294	228	129	96

13일차

70 쪽　　　　　　　　　　　곱셈연습

①	②	③	④	⑤	⑥	⑦	⑧	⑨	⑩
48	267	81	129	45	252	201	156	57	111
⑪	⑫	⑬	⑭	⑮	⑯	⑰	⑱	⑲	⑳
174	207	123	246	120	69	183	261	177	285
㉑	㉒	㉓	㉔	㉕	㉖	㉗	㉘	㉙	㉚
234	72	96	138	240	42	288	159	219	273
㉛	㉜	㉝	㉞	㉟	㊱	㊲	㊳	㊴	㊵
75	228	144	153	102	216	294	180	51	279

71 쪽　　　　　　　　　　　덧셈연습

①	②	③	④	⑤	⑥	⑦	⑧	⑨	⑩
36	30	41	37	32	41	42	35	31	37
⑪	⑫	⑬	⑭	⑮					
39	35	30	33	31					

72 쪽 암산술술

①	②	③	④	⑤	⑥	⑦	⑧	⑨	⑩
32	42	42	35	42	35	40	34	40	34

⑪	⑫	⑬	⑭	⑮
30	36	40	31	41

73 쪽 암산술술

①	②	③	④	⑤	⑥	⑦	⑧	⑨	⑩
15	66	219	51	91	27	258	93	88	64

⑪	⑫	⑬	⑭	⑮	⑯	⑰	⑱	⑲	⑳
141	48	117	252	153	186	264	78	285	84

㉑	㉒	㉓	㉔	㉕	㉖	㉗	㉘	㉙	㉚
192	240	105	291	174	126	225	159	216	57

14일차

74 쪽 곱셈연습

①	②	③	④	⑤	⑥	⑦	⑧	⑨	⑩
255	99	180	177	228	114	36	123	159	87

⑪	⑫	⑬	⑭	⑮	⑯	⑰	⑱	⑲	⑳
141	240	189	225	132	207	84	282	195	81

㉑	㉒	㉓	㉔	㉕	㉖	㉗	㉘	㉙	㉚
38	111	460	170	108	210	52	129	290	182

㉛	㉜	㉝	㉞	㉟	㊱	㊲	㊳	㊴	㊵
237	155	144	168	420	56	288	70	114	90

75 쪽 덧셈연습

①	②	③	④	⑤	⑥	⑦	⑧	⑨	⑩
40	30	36	37	31	35	35	40	35	43

⑪	⑫	⑬	⑭	⑮
42	36	32	35	35

76 쪽 암산술술

①	②	③	④	⑤	⑥	⑦	⑧	⑨	⑩
35	34	41	37	37	30	40	38	37	34

⑪	⑫	⑬	⑭	⑮
36	35	33	32	41

77 쪽 암산술술

①	②	③	④	⑤	⑥	⑦	⑧	⑨	⑩
82	83	105	171	71	86	114	282	60	75

⑪	⑫	⑬	⑭	⑮	⑯	⑰	⑱	⑲	⑳
237	39	144	240	177	204	138	60	273	72

㉑	㉒	㉓	㉔	㉕	㉖	㉗	㉘	㉙	㉚
183	249	108	276	150	147	216	168	81	48

15일차

78 쪽 곱셈연습

①	②	③	④	⑤	⑥	⑦	⑧	⑨	⑩
147	69	153	111	249	48	270	84	186	129

⑪	⑫	⑬	⑭	⑮	⑯	⑰	⑱	⑲	⑳
174	57	210	126	54	108	237	162	258	156

㉑	㉒	㉓	㉔	㉕	㉖	㉗	㉘	㉙	㉚
140	39	195	190	234	80	64	204	455	50

㉛	㉜	㉝	㉞	㉟	㊱	㊲	㊳	㊴	㊵
228	240	34	288	190	108	78	300	178	81

79 쪽 덧셈연습

①	②	③	④	⑤	⑥	⑦	⑧	⑨	⑩
31	43	31	37	35	31	37	35	40	35

⑪	⑫	⑬	⑭	⑮
30	40	38	32	33

80 쪽 암산술술

①	②	③	④	⑤	⑥	⑦	⑧	⑨	⑩
36	39	35	41	40	39	42	35	33	25

⑪	⑫	⑬	⑭	⑮
36	31	31	27	36

81 쪽 암산술술

①	②	③	④	⑤	⑥	⑦	⑧	⑨	⑩
48	32	90	54	41	96	135	48	17	70

⑪	⑫	⑬	⑭	⑮	⑯	⑰	⑱	⑲	⑳
123	255	150	156	87	105	51	222	189	288

㉑	㉒	㉓	㉔	㉕	㉖	㉗	㉘	㉙	㉚
234	270	252	285	126	168	267	201	102	69

4의 단 곱셈 구구의 이해

83 쪽 핵심콕콕

①	②	③	④	⑤	⑥	⑦	⑧	⑨	⑩
12,4	32,20	24,16	28,8	20,4	16,36	8,12	28,16	4,8	20,32

⑪	⑫	⑬	⑭	⑮	⑯	⑰	⑱	⑲	⑳
12,24	16,28	32,20	36,0	8,24	16,24,4	36,0,8	32,20,12	5,35,30	8,12,32

㉑	㉒	㉓	㉔	㉕	㉖	㉗	㉘	㉙	㉚
12,20,36	24,28,20	16,32,24	12,8,36	20,4,28	28,16,12	24,36,16	20,8,24	32,12,28	8,36,0

16일차

84 쪽 곱셈연습

①	②	③	④	⑤	⑥	⑦	⑧	⑨	⑩
92	192	380	64	100	304	336	236	312	252

⑪	⑫	⑬	⑭	⑮	⑯	⑰	⑱	⑲	⑳
128	160	284	372	340	268	112	344	368	296

㉑	㉒	㉓	㉔	㉕	㉖	㉗	㉘	㉙	㉚
140	56	148	224	376	48	328	244	384	228

㉛	㉜	㉝	㉞	㉟	㊱	㊲	㊳	㊴	㊵
124	212	188	116	320	248	184	232	156	68

85 쪽 덧셈연습

①	②	③	④	⑤	⑥	⑦	⑧	⑨	⑩
50	35	35	33	36	35	35	35	42	35

⑪	⑫	⑬	⑭	⑮
42	20	39	40	39

86 쪽 암산술술

①	②	③	④	⑤	⑥	⑦	⑧	⑨	⑩
42	30	35	43	35	35	31	42	35	31

⑪	⑫	⑬	⑭	⑮
41	42	32	42	35

87 쪽 암산술술

①	②	③	④	⑤	⑥	⑦	⑧	⑨	⑩
72	50	96	140	61	83	188	276	62	43

⑪	⑫	⑬	⑭	⑮	⑯	⑰	⑱	⑲	⑳
104	136	52	128	272	364	184	320	228	316

㉑	㉒	㉓	㉔	㉕	㉖	㉗	㉘	㉙	㉚
280	324	180	268	144	56	252	232	368	100

17일차

88 쪽 곱셈연습

①	②	③	④	⑤	⑥	⑦	⑧	⑨	⑩
328	256	92	220	364	72	184	208	280	76

⑪	⑫	⑬	⑭	⑮	⑯	⑰	⑱	⑲	⑳
136	84	332	268	236	372	40	288	232	260

㉑	㉒	㉓	㉔	㉕	㉖	㉗	㉘	㉙	㉚
356	304	152	48	160	284	392	212	168	112

㉛	㉜	㉝	㉞	㉟	㊱	㊲	㊳	㊴	㊵
368	244	180	292	60	128	376	312	264	348

89 쪽 덧셈연습

①	②	③	④	⑤	⑥	⑦	⑧	⑨	⑩
31	32	37	36	41	31	43	41	39	34

⑪	⑫	⑬	⑭	⑮
38	35	32	30	37

90 쪽 암산술술

①	②	③	④	⑤	⑥	⑦	⑧	⑨	⑩
38	40	33	30	34	34	41	32	25	34

⑪	⑫	⑬	⑭	⑮
40	35	34	32	37

91쪽 암산술술

❶	❷	❸	❹	❺	❻	❼	❽	❾	❿
91	97	92	360	28	80	112	196	43	88
⑪	⑫	⑬	⑭	⑮	⑯	⑰	⑱	⑲	⑳
84	256	348	132	388	52	392	216	172	304
㉑	㉒	㉓	㉔	㉕	㉖	㉗	㉘	㉙	㉚
148	164	380	204	248	260	156	68	336	292

18일차

92쪽 곱셈연습

❶	❷	❸	❹	❺	❻	❼	❽	❾	❿
168	144	72	316	216	344	280	208	52	380
⑪	⑫	⑬	⑭	⑮	⑯	⑰	⑱	⑲	⑳
304	180	152	56	156	240	288	224	192	68
㉑	㉒	㉓	㉔	㉕	㉖	㉗	㉘	㉙	㉚
392	200	136	104	328	384	112	212	300	48
㉛	㉜	㉝	㉞	㉟	㊱	㊲	㊳	㊴	㊵
116	188	332	272	296	368	124	228	96	276

93쪽 덧셈연습

❶	❷	❸	❹	❺	❻	❼	❽	❾	❿
30	35	38	33	34	32	40	35	44	30
⑪	⑫	⑬	⑭	⑮					
35	31	35	36	33					

94쪽 암산술술

❶	❷	❸	❹	❺	❻	❼	❽	❾	❿
35	40	37	35	34	31	36	30	25	41
⑪	⑫	⑬	⑭	⑮					
36	39	40	37	40					

95쪽 암산술술

❶	❷	❸	❹	❺	❻	❼	❽	❾	❿
17	74	100	368	46	25	372	216	102	70
⑪	⑫	⑬	⑭	⑮	⑯	⑰	⑱	⑲	⑳
56	232	280	108	364	152	324	188	144	276
㉑	㉒	㉓	㉔	㉕	㉖	㉗	㉘	㉙	㉚
348	376	268	72	84	260	392	304	172	128

19일차

96쪽 곱셈연습

❶	❷	❸	❹	❺	❻	❼	❽	❾	❿
232	388	48	324	196	260	148	328	160	384
⑪	⑫	⑬	⑭	⑮	⑯	⑰	⑱	⑲	⑳
56	228	136	344	208	284	156	240	348	100
㉑	㉒	㉓	㉔	㉕	㉖	㉗	㉘	㉙	㉚
60	96	188	390	138	93	360	168	168	92
㉛	㉜	㉝	㉞	㉟	㊱	㊲	㊳	㊴	㊵
270	48	360	56	420	268	150	42	225	186

97쪽 덧셈연습

❶	❷	❸	❹	❺	❻	❼	❽	❾	❿
35	41	40	27	40	35	35	35	25	31
⑪	⑫	⑬	⑭	⑮					
34	41	35	42	30					

98쪽 암산술술

❶	❷	❸	❹	❺	❻	❼	❽	❾	❿
26	37	31	37	40	30	33	23	30	32
⑪	⑫	⑬	⑭	⑮					
36	38	42	40	35					

99쪽 암산술술

❶	❷	❸	❹	❺	❻	❼	❽	❾	❿
49	87	300	200	16	68	56	160	63	41
⑪	⑫	⑬	⑭	⑮	⑯	⑰	⑱	⑲	⑳
196	332	304	216	108	152	64	280	244	376

㉑	㉒	㉓	㉔	㉕	㉖	㉗	㉘	㉙	㉚
284	372	192	68	104	236	328	240	148	248

20일차

100쪽 곱셈연습

❶	❷	❸	❹	❺	❻	❼	❽	❾	❿
112	256	384	212	304	356	108	172	60	388
⑪	⑫	⑬	⑭	⑮	⑯	⑰	⑱	⑲	⑳
232	64	128	184	96	220	320	156	284	68
㉑	㉒	㉓	㉔	㉕	㉖	㉗	㉘	㉙	㉚
194	255	168	320	46	244	435	177	72	102
㉛	㉜	㉝	㉞	㉟	㊱	㊲	㊳	㊴	㊵
144	490	120	219	224	470	36	92	273	125

101쪽 덧셈연습

❶	❷	❸	❹	❺	❻	❼	❽	❾	❿
41	30	39	42	33	30	33	33	36	44
⑪	⑫	⑬	⑭	⑮					
32	30	40	37	35					

102쪽 암산술술

❶	❷	❸	❹	❺	❻	❼	❽	❾	❿
34	36	30	32	37	42	44	31	39	37
⑪	⑫	⑬	⑭	⑮					
42	41	38	30	26					

103쪽 암산술술

❶	❷	❸	❹	❺	❻	❼	❽	❾	❿
101	90	256	300	26	22	152	332	98	51
⑪	⑫	⑬	⑭	⑮	⑯	⑰	⑱	⑲	⑳
388	52	212	80	180	344	252	312	76	168
㉑	㉒	㉓	㉔	㉕	㉖	㉗	㉘	㉙	㉚
64	140	368	196	228	376	108	304	188	244

김일곤 선생님

1965년 7.	「감사장」무상 아동들의 교육을 위하여 군성중학교 설립 (제 275호)
1966년 7.	「장려상」덕수상고 주최 전국 초등학교 주산경기대회
1967년 10.	「지도상」경희대학교 주최 전국 초등학교 주산경기대회 우승
1968년 2.	서울시 초등학교 주산 보급회 창설
1969년 9.	「공로상」대한교련산하 한주회(회장 윤태림 박사)
1970년 3.	「지도패」봉영여상 주최 전국 주산경기대회 3년 연속 우승
1971년 10.	「지도상」서울여상 주최 전국 주산경기대회 3년 연속 우승
1972년 7.	「지도상」일본 주최 국제주산경기 군마현 대회 준우승, 동경대회 우승, 경도시 상공회의소 주최 우승
1972년 7.	일본 NHK TV 출연
1973년 4.	「지도상」숙명여대 주최 한·일 친선 주산경기대회 우승
1973년 9.	「지도상」공항상고 주최 전국 초등학교 주산경기대회 우승
1974년 12.	「공로상」한국 주최 국제주산경기대회 우승
1975년 7.	「지도상」서울수도사대 주최 서울시 초등학교 주산경기대회 우승
1976년 10.	「지도상」대한교련 산하 한주회 주최 국제파견 1, 2, 3차 선발대회 우승
1977년 7.	「지도패」제6회 일본 군마현 주최 주산경기대회 우승
1978년 4.	「지도상」동구여상 주최 전국 주산경기대회 2년 연속 우승
1979년 6.	MBC TV 출연 전자계산기와 대결 우승
1980년 6.	「지도상」한국개발원 주최 해외파견 선발대회 우승
1981년 8.	「감사장」일본 기후시 주최 국제주산경기대회 우승
1982년 8.	「감사패」대만 대북시 주최 국제주산경기대회 우승
1983년 9.	「지도상」한국일보 주최 전국 암산왕선발대회 3년 연속 우승
1983년 11.	KBS TV '비밀의 커텐', '상쾌한 아침' 출연

1983년 11.	MBC TV '차인태의 아침 살롱' 출연
1984년 1.	MBC TV '자랑스런 새싹들' 특별 출연
1984년 10.	「공로패」 국제피플투피플 독일 파견대회 우승
1984년 12.	「지도상」 한국 주최 세계기록 주산경기대회 우승
1985년 12.	「감사패」 대만 주최 제3회 세계계산기능대회 대한민국 대표로 참가 준우승
1986년 8.	「공로패」 일본 동경 주최 국제주산경기대회 우승
1986년 10.	「공로패」 조선일보 주최 전국 주산경기대회 3년 연속 우승
1987년 11.	「지도패」 학원총연합회 주최 문교부장관상 전국 주산경기대회 3년 연속 우승
1987년 12.	「공로패」 일본 주최 제4회 세계계산기능대회 참가
1989년 8.	「감사패」 일본 동경 주최 제5회 세계계산기능대회 참가
1991년 12.	대만 주최 제6회 세계계산기능대회 참가
1993년 12.	대한민국 주최 제7회 세계계산기능대회 참가
1996년. 1.	「국제주산교육 10단 인증」 싱가포르 주최 국제주산교육 10단 수여
1996년 12.	「공로패」 대만 주최 국제주산경기대회 참가
2003년 8.	MBC TV '특종 놀라운 세상 암산기인 탄생' 출연
2003년 9.	사단법인 국제주산암산연맹 창설
2003년 6월~ 2004년 3월	연세대학교 창업교육센터 YES셈 주산교육자 강의

【 저 서 】

독산 가감산 및 호산집
주산 기초 교본(상ㆍ하권)
주산식 기본 암산(1, 2권)
매직셈 주산 기본 교재
매직셈 연습문제(덧셈, 곱셈, 뺄셈, 나눗셈)
주산암산수련문제집